中等职业学校工业和信息化精品系列教材

计·算·机·应·用

数字影音编辑与合成

剪映项目式微课版

刘晓敏 刘军明◎主编

钟毅 曾雪梅 秦和平◎副主编

U0277284

人民邮电出版社

北 京

图书在版编目（CIP）数据

数字影音编辑与合成 ：剪映项目式微课版 / 刘晓敏，
刘军明主编. -- 北京 ：人民邮电出版社，2022.8
中等职业学校工业和信息化精品系列教材
ISBN 978-7-115-59527-0

Ⅰ. ①数… Ⅱ. ①刘… ②刘… Ⅲ. ①视频编辑软件
—中等专业学校—教材 Ⅳ. ①TN94

中国版本图书馆CIP数据核字(2022)第108719号

内 容 提 要

本书以剪映为例，讲解数字影音编辑与合成技术的基本运用，内容主要包括剪映的基本知识、视频剪辑、调色、添加动画和转场效果、添加音频、文本、贴纸、蒙版、后期特效、添加片头和片尾等知识，最后讲解综合案例的制作。

本书采用项目—任务式的方法进行讲解，每个任务主要由任务目标、相关知识和任务实施 3 部分组成（项目八除外），并通过实训来巩固所学知识。每个项目最后还设有课后练习、技能提升两个板块。本书着重培养学生的动手能力，将工作场景引入课堂教学，让学生提前进入工作角色。

本书适合作为职业院校数字艺术类专业、数字媒体技术应用专业及相关专业的教材，也可作为视频剪辑培训教材，还可供短视频爱好者、自媒体运营者、新媒体从业者等阅读参考。

◆ 主　　编　刘晓敏　刘军明
　　副主编　钟　毅　曾雪梅　秦和平
　　责任编辑　刘晓东
　　责任印制　王　郁　焦志炜
◆ 人民邮电出版社出版发行　　北京市丰台区成寿寺路 11 号
　　邮编　100164　　电子邮件　315@ptpress.com.cn
　　网址　https://www.ptpress.com.cn
　　大厂回族自治县聚鑫印刷有限责任公司印刷
◆ 开本：889×1194　1/16
　　印张：12.5　　　　　　　　2022 年 8 月第 1 版
　　字数：243 千字　　　　　　2024 年12月河北第 3 次印刷

定价：49.80 元

读者服务热线：(010)81055256　印装质量热线：(010)81055316
反盗版热线：(010)81055315
广告经营许可证：京东市监广登字 20170147 号

前 言

党的二十大报告提出：统筹职业教育、高等教育、继续教育协同创新，推进职普融通、产教融合、科教融汇，优化职业教育类型定位。由此可见，在全面建设社会主义现代化国家新征程中，职业教育前途广阔、大有可为。

教育、科技、人才是全面建设社会主义现代化国家的基础性、战略性支撑。职业教育的目的就是培养具有一定文化水平和专业知识技能的应用型人才，职业教育侧重于实践技能和实际工作能力的培养。近年来，随着我国经济的快速发展，以及计算机技术的应用和发展，劳动力市场的需求在不断变化，社会对高素质、高技能人才的需求更为迫切，与此同时，中等职业学校的招生人数也在不断增加，这些都对人才的培养提出了更高的要求。

为了满足形势的发展，我们根据现代职业教育的教学需要，组织了一批优秀的、具有丰富教学经验和实践经验的作者编写了本套"中等职业学校工业和信息化精品系列教材"。其中，"数字影音编辑与合成"课程是中等职业学校数字艺术类专业的一门专业课程，该课程旨在使学生能够熟练地使用专业软件来进行影音创作与编辑，掌握软件使用技巧，拓展实际应用能力，为今后的专业学习或深入设计打下基础。本书以目前主流的短视频剪辑软件——剪映为基础，主要介绍剪映的使用方法和操作技巧。

根据上述职业教育的发展趋势，以及课程的教学目标，本书的编写具有以下特色。

1. 打好基础，重视实践

"数字影音编辑与合成"这门课程的应用性与实践性都很强，为了让学生能够熟练使用移动端剪辑软件——剪映，本书从剪映的基本功能着手，通过基础理论介绍和图文并茂的讲解模式，帮助学生解决视频剪辑、调色，以及添加和编辑动画、转场效果、文本等诸多技术难题。在教学上，本书采用项目任务式的方法，让学生按照任务进行相应的训练，逐步提高学生的短视频创作能力，同时通过将实际操作与实际应用环境结合的方式，激发学生的学习兴趣，全面提升学生的实践能力和动手能力。

2. 采用情景导入、任务驱动式教学

为了适应当前中等职业教育教学改革的要求，本书的编写吸收了新的职业教育理念，教学时以学生为中心，以任务牵引书中的内容，形成"情景导入——学习目标——技能目标——任务——实训——课后练习——技能提升"的讲解体系，并在任务下面设有"任务目标""相关知识""任务实施"（项目八除外），从而适应任务驱动式教学中的"教学做一体化"的课堂教学组织要求，引导学生开动脑筋，提升学生的动手能力。

本书以主人公的实习情景为例，引入各项目的教学主题，让学生了解相关知识点在实际工作中的应用情况。书中设置的人物如下。

米拉：职场新进人员。

洪钧威：人称老洪，他是米拉在职场中的导师和引入者。

3．注重素质教育

育人的根本在于立德。为全面贯彻党的教育方针，落实立德树人根本任务。本书在板块设计和案例的选取上注重培养学生的思考能力和动手能力，在"任务目标""职业素养"小栏目中适当融入相关元素，希望在教授学生知识的同时提高他们的综合素养。

4．配套微课等教学资源

本书提供所有操作案例的微课视频，学生可扫码观看，也可以登录人邮学院网站（www.rymooc.com）或扫描封底的二维码，使用手机号码完成注册，在首页右上角单击"学习卡"选项，输入封底刮刮卡中的激活码，即可在线观看全书微课视频，跟随微课视频进行学习，从而提升自己的实践能力和动手能力。此外，本书还提供素材文件、效果文件、PPT 课件、题库练习软件、电子教案等教学资源，有需要的读者可在人邮教育社区网站（http://www.ryjiaoyu.com）免费下载。

本书由刘晓敏、刘军明担任主编，钟毅、曾雪梅、秦和平担任副主编。由于编者水平有限，书中难免存在不足之处，敬请读者指正。

编　者
2023 年 5 月

目 录

项目一

初识剪映——剪映的基本知识

情景导入

老洪：米拉，你好，我是洪钧威，大家喜欢叫我"老洪"。今天是你到我们公司实习的第一天，我先带你熟悉办公环境，然后安排后面的工作。

米拉：好的。

老洪：怎么样？经过一上午的参观和了解，现在对公司和同事都大致了解了吧？

米拉：嗯！我已经准备好开始工作了！

老洪：我们在工作中经常需要处理各种类型的视频，最近我会提供一些日常生活中的视频素材给你练手，让你尽快掌握剪映的使用，你可要认真学习。

米拉：好的，没问题。

学习目标

◎ 熟悉剪映的操作界面
◎ 了解"一键成片"和"剪同款"功能
◎ 熟悉添加不同类型素材的方法
◎ 掌握剪辑素材的基本操作
◎ 熟悉导出视频的方法

技能目标

◎ 能够使用"剪同款"功能剪辑出与模板风格相似的短视频
◎ 能够使用剪映对某段视频进行基础剪辑

任务一　　了解剪映的基础功能

剪映是由抖音短视频官方推出的一款手机短视频剪辑软件，用户可使用该软件直接在手机上对拍摄的短视频进行剪辑和发布。对于想剪辑日常生活类短视频或者有炫酷效果的短视频的用户而言，剪映是不错的选择。

 **任务目标**

在使用剪映之前，应该了解剪映的操作界面和基础功能。老洪让米拉在正式剪辑短视频之前，先熟悉剪映的操作界面，包括主界面和编辑界面，以便日后使用剪映剪辑短视频。

相关知识

1. 剪映的操作界面

剪映不仅可以对短视频进行初步剪辑，还可以完成一些较为复杂的短视频剪辑操作，其功能齐全且操作灵活。剪映的操作界面主要分为主界面和编辑界面两部分，如图1-1所示，短视频剪辑操作主要在编辑界面中完成。

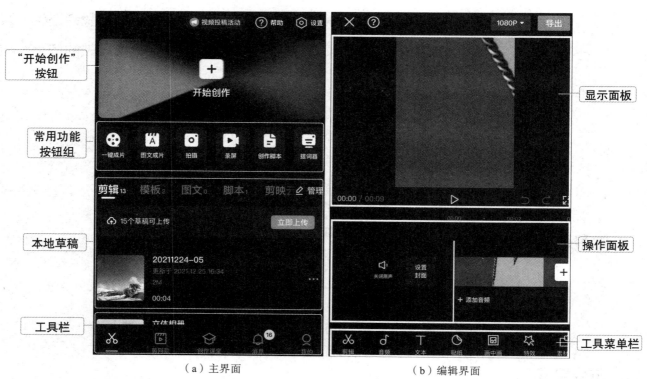

（a）主界面　　　　　　　　　　　　（b）编辑界面

图1-1　剪映的操作界面

● **主界面**。在手机上启动剪映后，将进入图1-1（a）所示的主界面。主界面主要由"开始创作"按钮⊞、常用功能按钮组⚙️📋▶️🗄️⚲、本地草稿、工具栏4个部分组成。点击"开始创作"按钮⊞后，选择相应的素材并点击"添加"按钮⊞，可以进入编辑界面。利用常用功能按钮组可以快速进行"一键成片""图文成片""拍摄"等操作。本地草稿中保存了用户未剪辑完或已剪辑完的短视频，以便用户二次修改。工具栏由"剪辑""剪同款""创作课堂""消息""我的"5个工具选项组成，点击相应的工具选项可以切换到对应的界面，图1-2所示为点击"剪同款"工具选项后显示的界面。

● **编辑界面**。编辑界面主要用于编辑添加到剪映中的短视频或照片，主要包括显示面板、操作面板、工具菜单栏3个部分。显示面板用于预览和播放短视频。操作面板用于编辑短视频，主要由"关闭原声"按钮🔇、时间轴轨道、时间线、"添加音频"按钮➕等组成。显示面板和操作面板如图1-3所示。工具菜单栏是编辑短视频时所用工具按钮的集合，点击任意工具按钮可以进入相应的子工具菜单栏。不同层级的工具菜单栏如图1-4所示。若要返回上级工具菜单栏，只需点击当前工具菜单栏中的《按钮或‹按钮。

图1-2 "剪同款"界面

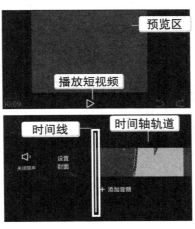

图1-3 显示面板和操作面板

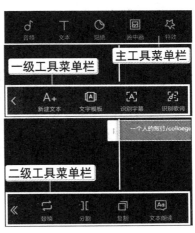

图1-4 不同层级的工具菜单栏

知识补充

　　时间线对应短视频播放的时间，如时间线对应3s，那么短视频画面将从3s处开始播放。另外，用手指滑动时间轴周围的空白区域，可以调整短视频及时间线的位置。如果要做卡点短视频，可以在操作面板中用双指向两边拖动或向内拖动，如图1-5所示，以此来拉长或缩短时间轴。短视频时间轴越长，显示的时间越精确。

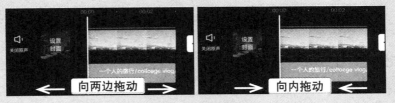

图1-5 调整时间轴

2．剪映工具菜单栏

剪映工具菜单栏包含"剪辑""音频""文本""贴纸""画中画""特效""素材包"等工具按钮，如图1-6所示。点击某个工具按钮，可打开相应的编辑界面，此时将默认显示该按钮的工具菜单栏。剪映工具菜单栏中部分常用的工具按钮及其功能如下。

● **"剪辑"按钮**。"剪辑"按钮是剪映主要的工具按钮，在工具菜单栏中点击"剪辑"按钮，或者在时间轴轨道中选择要编辑的素材文件，可以打开"剪辑"工具菜单栏，其中包含"分割""变速""音量""动画""删除"等按钮，如图1-7所示。点击"分割"按钮，可以以时间线为分割点，将素材分割为两部分；点击"变速"按钮，可以实现对素材的常规变速和曲线变速；点击"音量"按钮，可以调节素材当前的音量。另外，点击操作面板左侧的"关闭原声"按钮，可以关闭所有素材的声音。点击"动画"按钮，可以为素材添加入场动画、出场动画和组合动画等。

图1-6　工具菜单栏

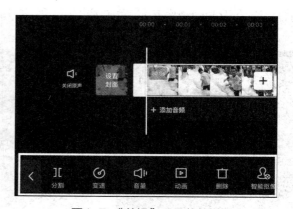

图1-7　"剪辑"工具菜单栏

● **"音频"按钮**。点击"音频"按钮，可对声音进行剪辑。在工具菜单栏中点击"音频"按钮，或者在操作面板中点击"添加音频"按钮，可打开"音频"工具菜单栏，如图1-8所示，在其中可以为素材添加音乐、音效或进行录音等。

● **"文本"按钮**。点击"文本"按钮，可对文本进行剪辑。在工具菜单栏中点击"文本"按钮，可以打开"文本"工具菜单栏，如图1-9所示，在其中可以进行新建文本、识别字幕、识别歌词和添加贴纸等操作。

● **"画中画"按钮**。点击"画中画"按钮，可以实现两段短视频同时在一个画面播放的效果。在工具菜单栏中点击"画中画"按钮，在打开的工具菜单栏中点击"新增画中画"按钮，打开"最近项目"列表，在其中选择需要的素材后，点击"添加"按钮可以将素材添加到另一个时间轴轨道上，如图1-10所示。

● **"特效"按钮**。点击"特效"按钮，可为当前素材添加画面特效或人物特效，画面特效包括"边框""分屏""光影""纹理""漫画"等，图1-11所示为应用"缤纷"画面特效的效果；人物特效包括"挡脸""头饰""装饰""环绕""手部"等，如图1-12

所示。在工具菜单栏中点击"特效"按钮 ，可打开"特效"工具菜单栏，选择所需特效类型后，在打开的列表中选择一种特效可以将其应用到当前素材中，图1-13所示为应用"无信号"人物特效的效果。

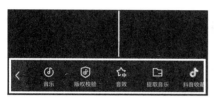
图1-8　"音频"工具菜单栏

图1-9　"文本"工具菜单栏

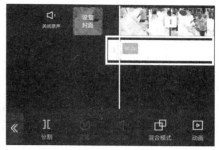
图1-10　添加画中画素材

图1-11　应用"缤纷"画面特效的效果

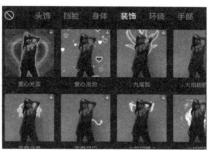
图1-12　人物特效

图1-13　应用"无信号"人物特效的效果

3. 管理本地草稿

本地草稿包括"剪辑""模板""图文""脚本""剪映云"5个选项卡，用户可以对保存的草稿进行重新剪辑、重命名、复制、删除、上传等操作。

● **"剪辑"选项卡**。在"剪辑"选项卡中可以查看草稿文件，点击草稿文件可以打开编辑界面，重新剪辑草稿文件；若点击草稿文件对应的 按钮，在弹出的列表中可以对草稿文件进行重命名、复制和删除等操作，如图1-14所示。

● **"模板"选项卡**。在"模板"选项卡中可以查看"剪同款"时编辑的草稿文件，点击草稿文件可以进入"剪同款"界面，从而进行"剪同款"操作，如图1-15所示。

● **"图文"选项卡**。在"图文"选项卡中可以查看使用"图文成片"剪辑的草稿文件，其管理方法与"模板"选项卡相同。

● **"脚本"选项卡**。在"脚本"选项卡中可以查看使用脚本模板剪辑的草稿文件，点击草稿文件可以进入脚本编辑界面，如图1-16所示。在其中可以重新编辑脚本草稿文件，也可以对脚本草稿文件进行重命名、复制和删除等操作。

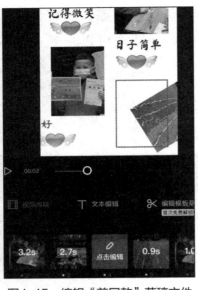

图1-14　管理草稿文件　　　图1-15　编辑"剪同款"草稿文件　　　图1-16　脚本编辑界面

● **"剪映云"选项卡**。在"剪映云"选项卡中，可将草稿文件备份至云空间。点击"剪映云"选项卡，授权登录抖音账号，打开"我的云空间"界面，点击"立即上传"按钮，在"请选择要上传的草稿"界面中选择要上传的草稿文件，然后点击"立即上传"按钮上传文件，文件上传成功后会显示在"剪映云"选项卡中。

知识补充　　在本地草稿中点击"管理"按钮■，草稿文件将转换为可选择状态，可以选择一个或多个草稿文件，点击底部的"删除"按钮■可快速删除选择的草稿文件。

4."一键成片"功能

剪映中的"一键成片"功能可以快速生成短视频，具体操作方法：打开剪映，在主界面中点击"一键成片"按钮，如图1-17所示；在打开的界面中选择需要剪辑的视频或图片，然后点击"下一步"按钮，此时软件会自动合成短视频并推荐合适的模板，如图1-18所示；选择模板并预览短视频效果后，点击"导出"按钮，在"导出设置"栏中点击"无水印保存并分享"按钮，如图1-19所示。

知识补充　　使用"一键成片"功能选择推荐的模板后，点击界面底部的"点击编辑"按钮，可进入编辑界面，在其中可编辑模板中的文本和视频，包括替换和裁剪素材、调整素材音量、修改素材中的文本等。

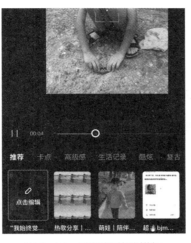

图1-17 点击"一键成片"按钮　　　图1-18 选择推荐的模板　　　图1-19 导出视频并分享

5."剪同款"功能

在使用剪映剪辑短视频时，除了可以使用"一键成片"功能外，还可以使用"剪同款"功能实现快速剪辑。"剪同款"是指直接套用剪映中现有的短视频模板，或将现有的、设定好的视频参数直接应用在短视频内容中。

使用"剪同款"功能编辑短视频的方法为：打开剪映，在主界面中点击底部的"剪同款"按钮，如图1-20所示，此时，软件将自动推荐热门的短视频；根据需要选择心仪的短视频后，点击"剪同款"按钮，如图1-21所示；打开"最近项目"列表，可以导入手机相册中的视频或照片，也可以直接拍摄；成功导入素材后，点击"下一步"按钮，合成完毕后将显示短视频合成效果，如图1-22所示，确认无误后，点击右上角的"导出"按钮，导出短视频。

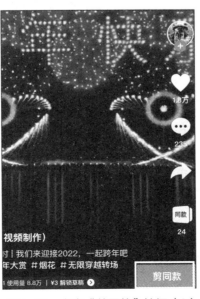

图1-20 点击"剪同款"按钮（1）　　图1-21 点击"剪同款"按钮（2）　　图1-22 短视频合成效果

任务实施

1. 使用"一键成片"功能制作一个短视频

对于刚接触短视频剪辑的创作者而言，"一键成片"功能不仅好用，而且还很容易激发创作热情。下面将使用"一键成片"功能将手机中的照片制作成一个短视频，具体操作如下。

微课视频
使用"一键成片"功能制作一个短视频

❶ 打开剪映后，在主界面中点击"一键成片"按钮，在"最近项目"列表中点击"照片"选项卡，选择要添加的多张照片（素材参见：素材文件\项目一\1.jpg、2.jpg、3.jpg、4.jpg），如图1-23所示，然后点击"下一步"按钮。

❷ 此时，软件将自动合成照片并生成多个推荐模板，选择合适的模板后，点击该模板对应的"点击编辑"按钮，如图1-24所示。

❸ 打开编辑界面，点击最右侧图片上的"点击编辑"按钮，在弹出的列表中点击"替换"按钮口，在打开的"最近项目"列表中选择用于替换的图片（素材参见：素材文件\项目一\6.jpg），替换完成后将自动跳转回编辑界面，如图1-25所示。

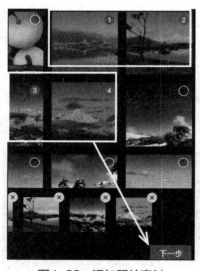

图1-23　添加照片素材

图1-24　点击"点击编辑"按钮

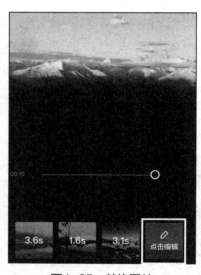

图1-25　替换图片

❹ 点击右上角的"导出"按钮，在"导出设置"栏中选择分辨率为"1080P"，最后点击"无水印保存并分享"按钮，完成"一键成片"操作（效果参见：效果文件\项目一\一键成片效果.mp4）。

2. 使用"剪同款"功能制作漫画变身同款短视频

使用"剪同款"功能，可以将手机中的短视频或照片轻松制作成有炫酷效果的短视频。下面将使用"剪同款"功能制作漫画变身同款短视频，

微课视频
使用"剪同款"功能制作漫画变身同款短视频

具体操作如下。

❶ 打开剪映后，点击主界面底部的"剪同款"按钮，点击"萌娃"选项卡，在下方选择"手绘漫画变身"选项，如图 1-26 所示。

❷ 打开"手绘漫画变身"短视频播放界面，点击右下角的"剪同款"按钮，如图 1-27 所示。

❸ 在"最近项目"列表中选择要添加的照片（素材参见：素材文件 \ 项目一 \5.jpg），如图 1-28 所示，点击"下一步"按钮。

 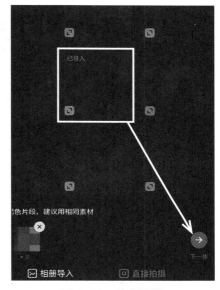

图1-26 选择"手绘漫画变身"选项　　　图1-27 点击"剪同款"按钮　　　图1-28 选择照片

❹ 打开编辑界面，软件将自动播放剪辑效果，确认无误后，点击"导出"按钮，导出短视频（效果参见：效果文件 \ 项目一 \ 剪同款效果 .mp4）。

知识补充　　点击"剪同款"按钮后，打开的界面中提供了多种类型的热门短视频，如春日、卡点、日常碎片、旅行、纪念日等。一一查看比较麻烦，此时可以点击该界面顶端的搜索框，输入想要查看的短视频类型，在搜索结果中进行选择。

任务二　熟悉短视频剪辑流程

使用剪映提供的"一键成片"和"剪同款"功能，可以轻松剪辑出一个完整的短视频，但如果不使用这两个功能，又该如何剪辑呢？下面将对短视频剪辑流程进行介绍，从熟悉素材到最后导出短视频成片，包括添加素材、剪辑素材及导出短视频等操作。

任务目标

看过米拉剪辑的短视频后，老洪发现米拉对剪映的使用比较熟练。为了进一步了解米拉的剪辑能力，老洪要求米拉按照短视频剪辑流程剪辑短视频，并且短视频中要包含文本、特效、贴纸、背景音乐等元素。最终效果如图 1-29 所示。

微课视频

效果预览

图1-29　短视频剪辑效果

相关知识

1. 添加素材

打开剪映后，点击"开始创作"按钮，打开"素材添加"界面，可在"最近项目"列表或"素材库"列表中选择所需素材，然后点击"添加"按钮，在打开的编辑界面中可看到选择的素材已自动添加到时间轴轨道上，如图 1-30 所示。同时，在预览区可查看短视频画面的效果。

图1-30　添加素材的过程

- **最近项目**。"最近项目"列表中包含了当前手机中保存的视频或照片素材。
- **素材库**。"素材库"列表中包含了一些常用的素材，如转场片段、空镜头、绿幕素材等，选择想要添加的素材后，点击"添加"按钮便可将其添加到编辑界面中进行编辑。

2. 剪辑素材

将素材添加到剪映中的编辑界面后，可对素材进行剪辑，包括调整比例、设置背景、编辑短视频、添加背景音乐、插入文本、添加特效等操作。

● **调整比例**。剪映提供了多种画面比例，包括9∶16、4∶3、1∶1、3∶4等，用户可以根据需要自行选择。一般情况下，用户如果要将剪辑后的短视频发布到抖音等平台，应选择9∶16的画面比例。调整素材画面比例的方法为：在未选中素材的状态下，点击工具菜单栏中的"比例"按钮▣，在打开的"比例"选项栏中选择合适的比例。

● **设置背景**。如果短视频画面有空白区域，可以通过剪映为视频添加好看的背景。为短视频设置背景的方法为：在未选中视频素材的状态下，点击工具菜单栏中的"背景"按钮▨，打开的"背景"工具菜单栏中提供了"画布颜色""画布样式""画布模糊"3种不同效果的背景，如图1-31所示；根据需要点击相应的按钮后，在打开的选项中选择想要设置的背景。

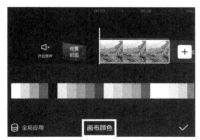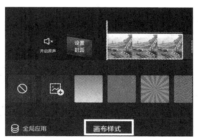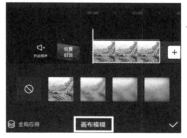

图1-31　不同效果的背景

● **编辑短视频**。编辑短视频是指对短视频进行镜像、旋转和裁剪等操作。编辑短视频的方法为：在时间轴轨道中选中视频素材，点击底部工具菜单栏中的"编辑"按钮▣，打开"编辑"工具菜单栏，点击"镜像"按钮▥，如图1-32所示，可水平或垂直翻转视频画面；点击"旋转"按钮▧，如图1-33所示，可将视频画面顺时针旋转90°，再次点击该按钮，将继续顺时针旋转90°，以此类推；点击"裁剪"按钮▨，可以自由或按比例裁剪视频画面，如图1-34所示，拖动画面4个角上的控制点即可进行裁剪。

知识补充

　　剪映中有一些基本的功能设置操作。例如，点击"确定"按钮▣，可应用功能设置；点击"返回"按钮‹，可返回到工具菜单栏所在的编辑界面；点击"返回"按钮《，可返回上一级工具菜单栏所在的编辑界面；点击"全局应用"按钮▤，可将功能设置应用到当前正在剪辑的各段短视频素材中。

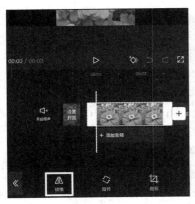
图1-32　点击"镜像"按钮

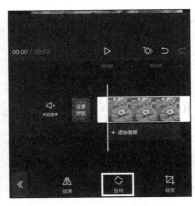
图1-33　点击"旋转"按钮

图1-34　自由裁剪视频画面

● **添加背景音乐**。为了让短视频效果更加完整，用户可以根据画面效果来添加适合的背景音乐。添加背景音乐的方法为：将时间线移至短视频的起始位置，点击操作面板中的"添加音频"按钮➕，在底部的一级工具菜单栏中点击"音乐"按钮◎，打开"添加音乐"界面，用户可在"推荐音乐""我的收藏""抖音收藏""导入音乐"列表中选择音乐，如图1-35所示，选择好音乐后点击对应的"使用"按钮，可以为短视频添加背景音乐。

● **插入文本**。文本是短视频中不可或缺的元素。插入文本的方法为：在未选中视频素材的状态下，点击工具菜单栏中的"文本"按钮🅣，在底部的"文本"工具菜单栏中点击"新建文本"按钮🅐₊，在"输入文字"文本框中输入文本，然后点击"确定"按钮☑插入文本。

● **添加特效**。剪映提供了丰富的视频特效，包括画面特效和人物特效，用户可以轻松为短视频应用"纹理""分屏"等特效。添加特效的方法为：将时间线移至短视频的起始位置，在未选中视频素材的状态下，点击工具菜单栏中的"特效"按钮🌟，在打开的子工具菜单栏中点击任一选项，在打开的列表中选择所需特效，最后点击"确定"按钮☑添加特效，如图1-36所示。

图1-35　添加背景音乐

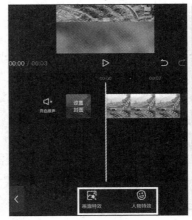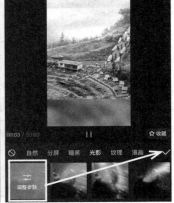
图1-36　添加特效

知识补充

在视频素材中添加背景音乐、文本、特效后，还可以进一步对这些内容进行设置。例如，添加背景音乐后，可以对插入的背景音乐进行分割、淡化、删除等操作；添加文本后，可以设置文本样式；添加特效后，可以调整特效的参数，包括颜色、滤镜、大小、速度等。

3. 导出短视频

完成短视频剪辑操作后，就可以导出短视频。导出的短视频通常保存在用户的手机相册中，方便用户预览。导出短视频的方法为：点击编辑界面右上角的"分辨率"按钮，在打开的界面中设置好分辨率、帧率等参数，如图1-37所示，分辨率越高，导出的短视频清晰度就越高；然后点击右上角的"导出"按钮，剪映将开始自动导出短视频，如图1-38所示，在等待导出的过程中不要切换程序或锁屏。导出完成后，在"输出"界面中可以选择将短视频分享至抖音、西瓜视频，也可点击"完成"按钮结束所有操作，如图1-39所示。

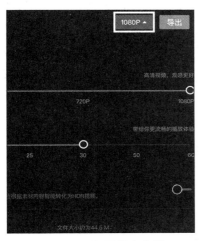
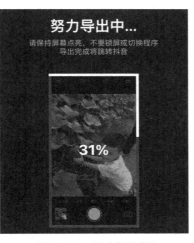

图1-37 设置导出参数　　　　图1-38 导出短视频　　　　图1-39 点击"完成"按钮

职业素养

短视频的内容应以弘扬社会主义核心价值观、传播正能量为主，不得涉及有悖社会道德规范、不利于未成年人健康成长及违反国家有关规定的内容。

任务实施

1. 导入手机中的视频素材并裁剪

在剪辑短视频之前，首先要将视频素材导入剪映中。下面将手机中保

微课视频

导入手机中的视频素材并裁剪

存的视频素材导入剪映中，并适当裁剪，具体操作如下。

1 打开剪映，点击"开始创作"按钮，在"最近项目"列表中选择要编辑的视频素材"视频后期剪辑.mp4"（素材参见：素材文件\项目一\视频后期剪辑.mp4），点击"添加"按钮，如图1-40所示。

2 打开"编辑"界面，选中时间轴轨道上的视频素材，点击底部工具菜单栏中的"编辑"按钮，如图1-41所示。

3 打开"编辑"工具菜单栏，点击"裁剪"按钮，在打开的界面中利用手指拖动显示面板中短视频画面右下角的控制点，裁剪掉画面下方和右侧的内容，如图1-42所示。

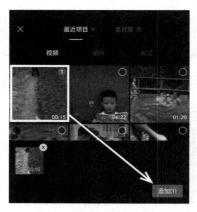　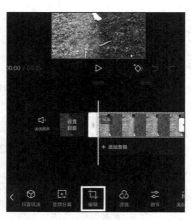　

图1-40　添加视频素材　　　　图1-41　点击"编辑"按钮　　　　图1-42　裁剪视频画面

4 点击底部的"确认"按钮，如图1-43所示，完成短视频裁剪操作。

5 返回"编辑"工具菜单栏，点击"镜像"按钮，如图1-44所示，水平翻转短视频画面。

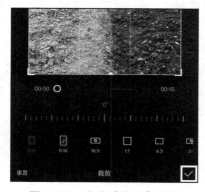　　　　　　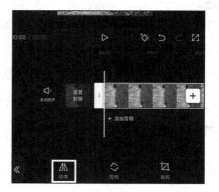

图1-43　点击"确认"按钮　　　　　　图1-44　点击"镜像"按钮

知识补充

裁剪视频画面时如果操作失误，可以点击底部工具菜单栏中的"重置"按钮恢复至未裁剪状态，然后重新进行裁剪。

2．调整画面比例并设置背景

完成短视频裁剪操作后，如果视频画面的顶部和底部出现黑色背景，可调整画面比例并设置背景。下面将调整画面比例并设置背景，具体操作如下。

①　点击操作面板中的空白区域，返回工具菜单栏，点击"比例"按钮■，如图1-45所示。

②　在打开的"比例"选项栏中选择"9∶16"选项，并在显示面板中向内滑动双指适当缩小画面，效果如图1-46所示。

③　点击"返回"按钮◀，在底部的工具菜单栏中点击"背景"按钮▨，如图1-47所示。

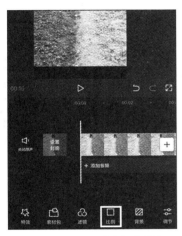
图1-45　点击"比例"按钮

图1-46　选择比例并缩小视频画面

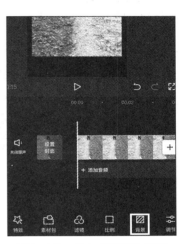
图1-47　点击"背景"按钮

④　打开"背景"工具菜单栏，点击"画布样式"按钮▦，如图1-48所示。

⑤　打开"画布样式"选项栏，选择所需要的画布样式，点击"确定"按钮☑，如图1-49所示。

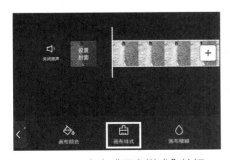
图1-48　点击"画布样式"按钮

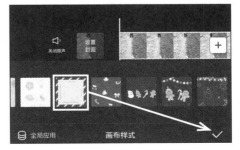
图1-49　选择画布样式

3．为短视频添加特效

为了使短视频画面更加炫丽，可以为短视频添加特效。下面将为视频添加"星火炸开"特效，具体操作如下。

1 点击底部的"返回"按钮，返回工具菜单栏，点击"特效"按钮，如图1-50所示。

2 打开"特效"工具菜单栏，点击"画面特效"按钮，如图1-51所示。

3 打开"画面特效"选项栏，在"氛围"列表中选择"星火炸开"选项，如图1-52所示。

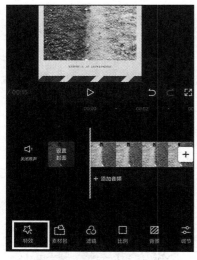

图1-50   点击"特效"按钮

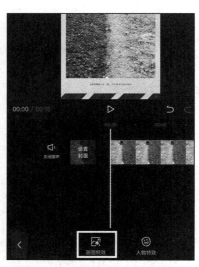

图1-51   点击"画面特效"按钮

图1-52   选择特效

4 点击所选特效对应的"调整参数"按钮，打开"调整参数"选项栏，拖动"速度"滑块，将参数值调整为"50"，点击"确定"按钮，如图1-53所示。

5 此时，时间轴轨道中将新增一个特效轨道，向右拖动该轨道右侧的图标，使特效持续时间与短视频时长一致，如图1-54所示。

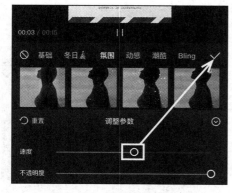

图1-53   调整特效的速度

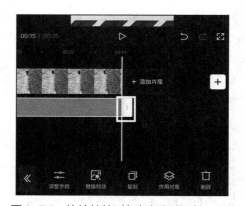

图1-54   使特效的时长与短视频时长一致

4．插入并编辑文本

剪辑短视频时，要充分发挥文本的作用，使短视频表意更清晰。下面将在短视频中插入并编辑文本，具体操作如下。

① 在编辑界面的底部依次点击▲按钮和▲按钮，返回工具菜单栏中，拖动时间轴轨道使时间线至第4s处，点击"文本"按钮▣，如图1-55所示。

微课视频

插入并编辑文本

② 打开"文本"工具菜单栏，点击"新建文本"按钮▣，如图1-56所示。

③ 在"输入文字"文本框中输入想要插入的文本，如图1-57所示，点击"气泡"按钮。

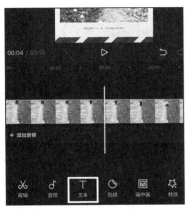

图1-55　点击"文本"按钮

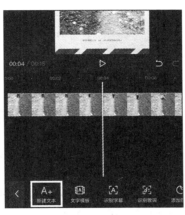

图1-56　点击"新建文本"按钮

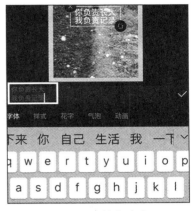

图1-57　输入文本

④ 打开"气泡"列表，选择图1-58所示的气泡样式，显示面板中将显示添加的气泡样式。

⑤ 将手指放到显示面板中文本框右下角的控制柄上，按住不放并向右下角拖动，适当放大文本，然后按住文本框，并将其拖动至画面底部，点击"确定"按钮▣，如图1-59所示。

⑥ 此时，时间轴轨道中将新增一条文本轨道，向右拖动该轨道右侧的▣图标，将其持续时间增加到10s，如图1-60所示。

图1-58　选择气泡样式

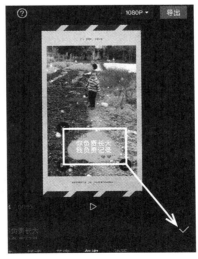

图1-59　放大后移动文本

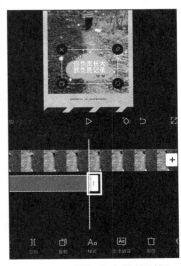

图1-60　增加文本持续时间

5. 为短视频添加背景音乐

微课视频
为短视频添加背景音乐

为了让短视频内容更加完整，可以根据画面特点添加背景音乐。由于该短视频重在表现童趣，因此，下面将选择一段充满童真的音频来作为背景音乐，具体操作如下。

1 返回工具菜单栏中，点击“音频”按钮，如图 1-61 所示。

2 打开“音频”工具菜单栏，点击“音乐”按钮，如图 1-62 所示。

3 打开“添加音乐”界面，在顶部的搜索栏中输入关键字“童趣”后进行搜索，在显示的搜索结果中点击音乐进行试听，确定好音乐后，点击该音乐右侧对应的“使用”按钮，如图 1-63 所示。

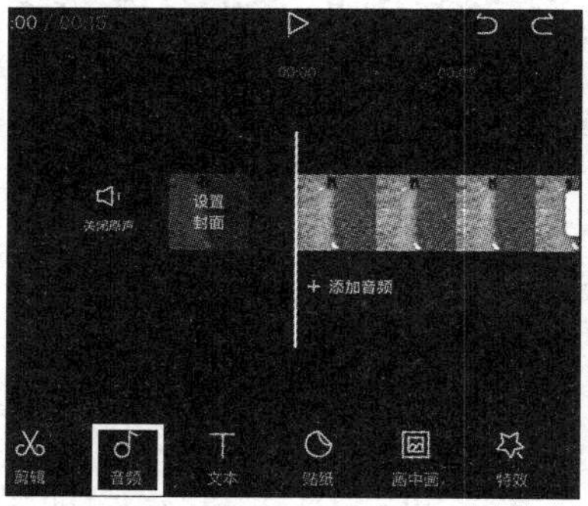

图1-61 点击“音频”按钮

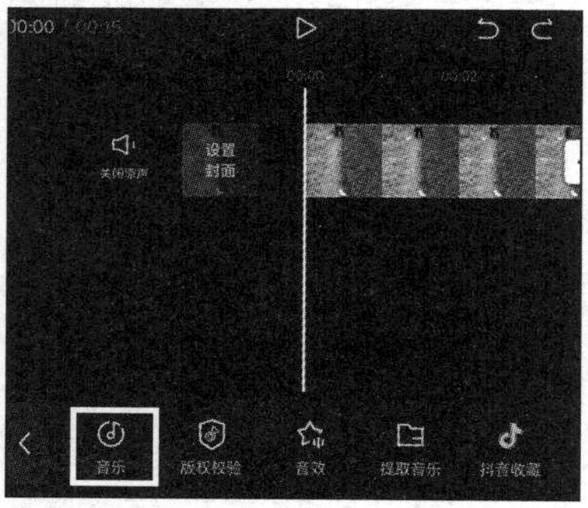

图1-62 点击“音乐”按钮

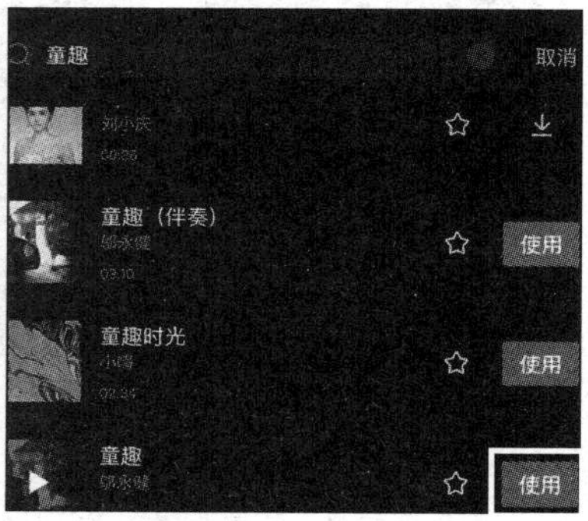

图1-63 点击“使用”按钮

4 此时，时间轴轨道中将增加一条音频轨道，拖动该音频轨道使操作面板中的时间线位于第 6s 处，然后点击音频轨道，在底部的工具菜单栏中点击“分割”按钮，如图 1-64 所示。

5 音频将被分割为两段，选中前一段音频，然后点击底部工具菜单栏中的“删除”按钮将其删除，如图 1-65 所示。

6 拖动剩下的一段音频，使其起始位置与视频的起始位置对齐，如图 1-66 所示，然后用相同的操作方法，将音频轨道中后半部分多余的音频删除，使音频时长与短视频时长一致。

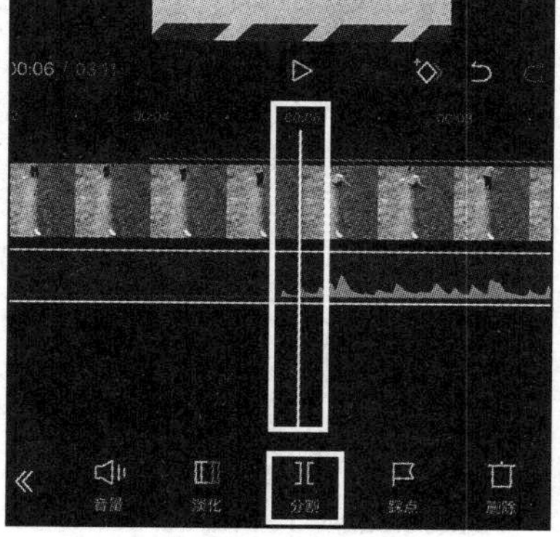
图1-64 分割音频

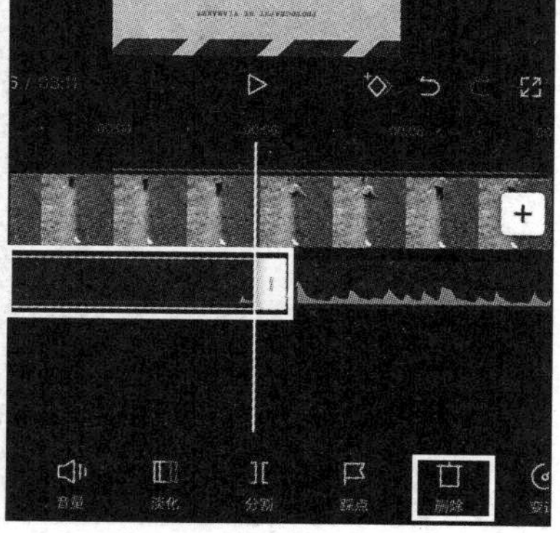
图1-65 删除前一段音频

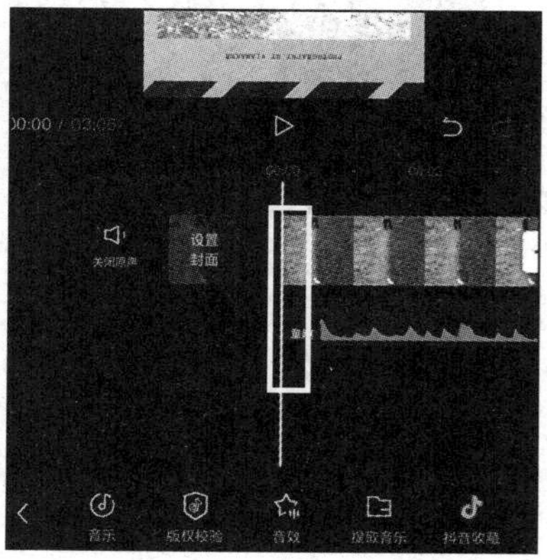
图1-66 拖动音频

知识补充

为短视频添加背景音乐后，点击底部工具菜单栏中的"淡化"按钮 ，在打开的"淡化"栏中设置背景音乐的淡入和淡出时长。

6. 导出短视频

微课视频
导出短视频

完成短视频剪辑工作后，就需要导出短视频。下面将剪辑好的短视频导出至手机，具体操作如下。

① 点击操作面板中的"关闭原声"按钮，然后将短视频分辨率设置为"1080P"，接着点击"导出"按钮，如图 1-67 所示。

② 剪映将开始自动导出短视频，并显示导出进度，如图 1-68 所示。待成功导出短视频后，点击"完成"按钮，如图 1-69 所示。在手机相册中，可以找到刚刚导出的短视频（效果参见：效果文件\项目一\短视频剪辑流程 .mp4）。

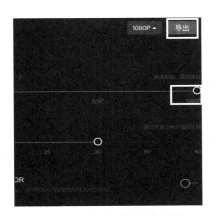

图1-67 点击"导出"按钮

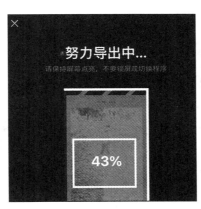

图1-68 导出进度

图1-69 点击"完成"按钮

实训一 套用模板制作生活短视频

【实训要求】

为了激发读者对短视频剪辑的兴趣，并让读者进一步熟悉剪映的基本操作，下面将使用"一键成片"功能来制作生活短视频。本实训将重点练习模板的使用与编辑。

【实训思路】

本实训将使用 3 张照片来实现"一键成片"。先准备好要剪辑的素材文件，然后在剪映推荐的模板中选择合适的模板来制作生活短视频。操作思路如图 1-70 所示。

微课视频
实训一

图1-70　套用模板制作短视频的操作思路

【步骤提示】

❶ 打开剪映，在主界面中点击"一键成片"按钮。

❷ 在"最近项目"列表中选择要剪辑的照片素材（素材参见：素材文件＼项目一＼周末1.jpg、周末2.jpg、周末3.jpg），点击"下一步"按钮。

❸ 在剪映自动推荐的模板中选择适合当前素材的模板，查看剪辑效果后，点击"导出"按钮，导出短视频（效果参见：效果文件＼项目一＼周末碎片.mp4）（注意，剪映推荐的模板会不断更新，同一素材每次导入后推荐的模板可能会不一样）。

实训二　尝试制作旅行日记短视频

【实训要求】

使用剪映剪辑一段旅行日记短视频，进一步熟悉短视频剪辑流程及相关操作方法。

【实训思路】

本实训将运用短视频剪辑流程中的知识。打开剪映后，将要剪辑的视频素材添加到操作面板中，然后裁剪画面并添加背景，再为短视频添加特效和音乐，最后导出短视频，操作思路如图1-71所示。通过该思路，读者还可以尝试剪辑手机中保存的其他短视频。

微课视频

实训二

图1-71　制作旅行日记短视频的操作思路

【步骤提示】

❶ 打开剪映，添加"海滩.mp4"视频素材（素材参见：素材文件\项目一\海滩.mp4），将画面比例设置为"9∶16"。

❷ 点击"背景"按钮▨，为短视频添加"画布模糊"效果。

❸ 点击"文本"按钮Ｔ，分别在短视频画面的1s、7s、10s、12s处添加文本"有时间一定要去海边走走""吹吹海风""听听海浪声""让海浪卷走所有烦恼"。

❹ 为短视频添加适合海滩画面的背景音乐。

课后练习

练习1：使用"剪同款"功能制作短视频

在剪映主界面中点击底部工具菜单栏中的"剪同款"按钮，在推荐的模板中选择自己喜欢的模板，然后点击查看视频效果。选择好模板后，点击右下角的"剪同款"按钮，根据提示导入照片或视频完成剪辑操作。图1-72所示为使用"剪同款"功能中的"一键下雪"模板制作的短视频（素材参见：素材文件\项目一\下雪.jpg）。

练习2：剪辑环保短视频

尝试使用剪映剪辑环保短视频，相关剪辑操作包括插入文本、添加背景音乐、添加"开幕"特效等，剪辑完成后导出短视频，效果如图1-73所示（效果参见：效果文件\项目一\环保.mp4）。

图1-72 "剪同款"效果

图1-73 环保视频剪辑效果

技能提升

1. 常用的短视频剪辑方法

短视频剪辑是指将各种素材通过分割、剪切、组合、拼接等操作，把素材整合为一个完整的短视频的过程。在这一过程中，使用合理的剪辑方法可以使剪辑后的成品内容衔接更自然、主题更鲜明且富有感染力，下面介绍常用的短视频剪辑方法。

● **动作顺接**。动作顺接是指角色仍在运动时进行的镜头切换，其剪辑点可以是动作正在发生时，也可以是人物转身时，这是一种非常实用和常见的短视频剪辑方法。例如，在某美食短视频中，前一个画面中人物正准备切菜，紧接着便切换到正在切菜的画面。由于这种方法并没有打断人物的动作或行为，因此使画面看上去不仅流畅，而且极具表现力和冲击力，如图1-74所示。

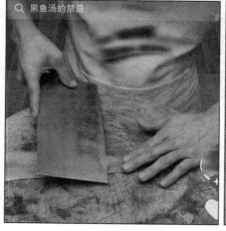
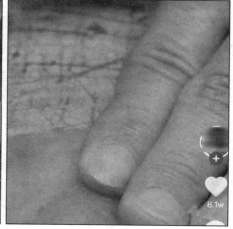

图1-74 动作顺接剪辑方法

● **跳切**。跳切即通过跳跃式的画面来组成短视频，它通常会保留情节的核心内容，这不仅可以缩短短视频的时长，而且能够增强节奏感，使画面更加生动有趣。例如，介绍美工刀用法的短视频中，通过跳切保留了每个环节中的关键动作，让短视频内容更加简洁，如图1-75所示。

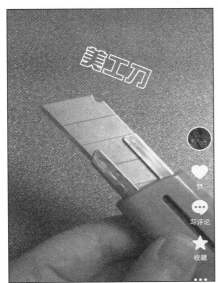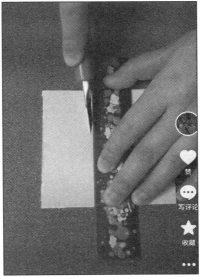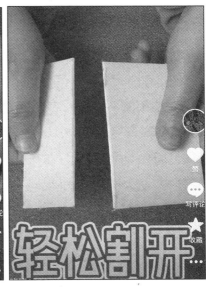

图1-75 跳切剪辑方法

● **贴合切**。贴合切是通过将画面剪切到同一人物或事物上来过渡内容的剪辑方法。例如，在展现雕刻的过程时，起始画面为雕刻主体的展示画面，然后将画面切换为人物的雕刻动作，最后切换为已雕刻完成的雕刻主体，这就是利用了贴合切来表现时间的流逝，如图1-76所示。

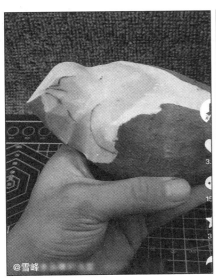

图1-76 贴合切剪辑方法

2. 剪映的功能特色

剪映是一款功能非常全面的短视频剪辑软件，通过手机就能完成一些比较复杂的短视频剪辑操作，其主要功能特色介绍如下。

● **模板较多**。剪映中的模板较多，而且更新快，除了拥有当前的热门模板类型外，还有卡点、玩法、情侣、萌娃、质感和纪念日等多种类型的模板，适合新手操作。

● **操作方便**。剪映中的时间轴轨道可以拉长或缩短，操作起来十分方便。

● **音乐丰富且支持抖音曲库**。剪映提供了大量风格不一的音乐，以及抖音热门歌曲、Vlog配乐，用户可以在试听之后选择使用。

● **音频制作方便**。剪映支持叠加音乐，可以为短视频添加合适的音效、提取其他短视频中的背景音乐，或者录制旁白解说。

● **调色功能强大**。剪映可以调节高光、锐化、亮度、对比度、饱和度等数十种色彩调节参数，这是很多短视频剪辑所不具备的。

● **自动踩点**。剪映具备"自动踩点"功能，可以自动根据音乐的节拍和旋律，对短视频进行踩点标记，用户可根据这些标记来剪辑短视频。

● **辅助工具齐备**。剪映拥有美颜、滤镜、素材包等多种辅助工具，如图1-77所示。这些辅助工具不但样式多样，而且运用后的效果也不错。

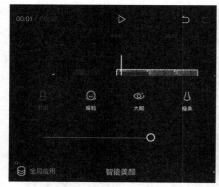 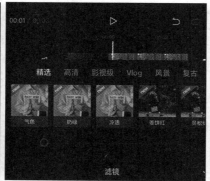 

图1-77　剪映辅助工具

项目二

牛刀小试——精细剪辑短视频

情景导入

老洪：米拉，我看过你剪辑的短视频，整体来说没有大问题，但缺乏创造力，在剪辑时可以更加精细。例如，在某个时间点慢放或加速视频画面，增强短视频的节奏感，提升视觉效果。

米拉：好的，看来以后还要多看、多学。

老洪：现在有几段视频需要你精细剪辑，剪辑时一定要注意提升画面的视觉冲击力，多应用一些画面调整功能，如画中画、画面混合模式、定格、倒放等。

米拉：嗯，我记住了，保证完成任务。

学习目标

- ◎ 掌握分割和调整短视频的方法
- ◎ 熟悉复制和删除、替换视频素材，以及制作变速短视频的相关操作
- ◎ 了解短视频参数和关键帧
- ◎ 掌握"画中画"功能的使用方法
- ◎ 熟悉不同类型的画面混合模式
- ◎ 掌握"定格"和"倒放"功能的使用方法

技能目标

- ◎ 能够使用剪映对视频进行精细剪辑
- ◎ 能够剪辑出具有视觉冲击力的短视频画面

任务一　剪辑短视频画面

剪辑的基本操作就是将多个短视频画面进行连接，因此，在使用剪映剪辑短视频时，首先要掌握剪辑视频画面的各项基本操作，包括分割、旋转、调整持续时间、复制和替换、变速等。

任务目标

米拉反复看过短视频后，发现短视频中的画面大小不同，所以，米拉先调整了画面比例，然后分割短视频，并删除多余的内容，最后调整各段短视频的顺序并进行变速，完成后的效果如图 2-1 所示。通过剪辑该短视频，米拉掌握了精细剪辑短视频画面的相关操作。

微课视频
效果预览

图 2-1　精细短视频画面的效果

相关知识

1. 分割短视频

分割短视频是指将图像或视频序列按一定的标准分割成多段。在剪映中分割短视频的方法很简单，首先在时间轴轨道中选择需要分割的视频素材，然后将时间线定位至需要进行分割的时间点处，点击底部工具菜单栏中的"分割"按钮分割短视频，如图 2-2 所示。分割效果如图 2-3 所示。

知识补充

在时间轴轨道中选中音频素材后，将时间线定位至需要分割的时间点处，然后点击底部工具菜单栏中的"分割"按钮，同样可以实现分割操作。此外，也可使用该方法分割文本素材、贴纸等。

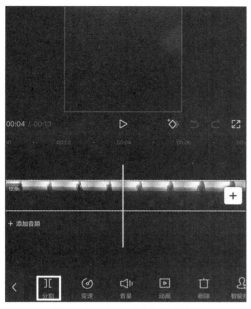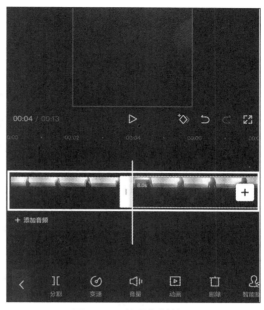

图2-2　点击"分割"按钮　　　　　　　　图2-3　查看分割效果

2．调整短视频

调整短视频主要是调整短视频的画面角度、素材顺序、持续时间及尺寸等。

● **调整短视频的画面角度**。调整短视频的画面角度主要通过旋转短视频画面来实现，通常使画面围绕某一点做圆周运动。调整短视频的画面角度的具体方法为：在时间轴轨道中选中视频素材，点击底部工具菜单栏中的"编辑"按钮，打开"编辑"工具菜单栏，点击"旋转"按钮，可以将画面顺时针旋转90°，每点击一次"旋转"按钮，画面将顺时针旋转90°，效果如图2-4所示。

图2-4　调整短视频的画面角度

知识补充　　直接用手指旋转也可以调整短视频的画面角度，具体方法为：在时间轴轨道中选中视频素材，在显示面板中用双指按住短视频画面并旋转，双指旋转方向即为短视频的画面旋转方向。需要注意的是，使用这种方法可能会使画面大小发生变化。

● **调整短视频的素材顺序**。用户在剪辑短视频时，有可能在同一轨道中添加多段视频素材，若发现某段视频素材的顺序不对，可手动调整。其方法为：在时间轴轨道中长按需要调整顺序的视频素材，然后将其拖动到另一个素材的前方或后方。

● **调整短视频的持续时间**。在不改变短视频素材播放速度的前提下，如果对短视频的持续时间不满意，可以拖动▯图标来调整。具体方法为：在时间轴轨道中选中视频素材，按住视频素材头部的▯图标向右拖动，如图2-5所示，可缩短视频素材的时长，同时视频整体持续时间将变短；反之，按住视频素材头部的▯图标向左拖动，如图2-6所示，视频整体持续时间将变长。此外，按住视频素材尾部的▯图标向左或向右拖动也可以缩短或延长视频的整体持续时间。

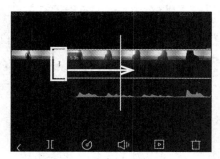
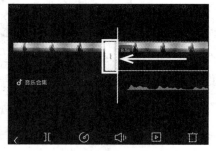

图2-5　缩短视频持续时间　　　　　　　　　　　图2-6　延长视频持续时间

● **裁剪短视频的尺寸**。合理裁剪短视频的尺寸可以起到"二次构图"的作用。若短视频画面中的元素太多，可以删除画面中多余的部分，以突出主体。具体方法为：在时间轴轨道中选中视频素材，点击底部工具菜单栏中的"编辑"按钮▥，打开"编辑"工具菜单栏，点击"裁剪"按钮▨，选择不同的裁剪比例，短视频的画面效果会不一样，如图2-7所示。

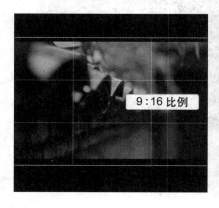
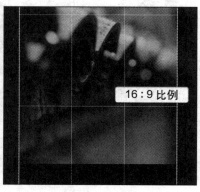
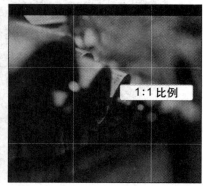

图2-7　不同裁剪比例下的画面效果

裁剪短视频尺寸时，若使用"自由"模式，可以通过拖动画面4个角上的控制点，将画面裁剪为任意比例；若按固定比例裁剪，也可以通过拖动画面4个角上的控制点来调整裁剪区域的大小，但裁剪比例保持不变。

知识补充

3．复制和删除视频素材

如果在剪辑视频素材的过程中，需要多次使用同一视频素材，则可复制该视频素材。复制视频素材的方法为：在时间轴轨道中选中想要复制的视频素材，点击底部工具菜单栏中的"复制"按钮■即可复制素材。如果对导入剪映中的视频素材不满意，可以在选中素材后点击底部工具菜单栏中的"删除"按钮■将其删除。

4．替换视频素材

在剪辑短视频时，如果发现某一个视频素材添加错误，可使用"替换"功能替换掉错误的素材，同时保留被替换视频素材的所有参数设置。替换视频素材的方法为：在时间轴轨道中选中需要被替换的视频素材，然后点击底部工具菜单栏中的"替换"按钮■，在打开的"最近项目"列表中重新选择要添加的视频素材，此时，时间轴轨道中将显示新添加的视频素材，并保留原有视频素材的所有参数设置。

5．实现短视频变速

制作短视频时，有时为了达到剪辑效果，需要对短视频进行变速处理。在剪映中，可以通过常规变速和曲线变速两种方式来实现短视频变速。实现短视频变速的方法为：在时间轴轨道中选中一段播放速度正常的视频素材,然后点击底部工具菜单栏中的"变速"按钮■，如图2-8所示；此时底部工具菜单栏中将出现两个变速按钮，如图2-9所示，点击任一按钮，可以进行变速设置。这两个按钮的具体操作方法如下。

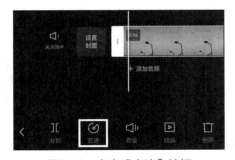

图2-8　点击"变速"按钮

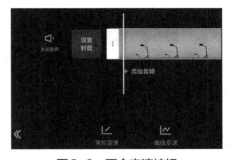

图2-9　两个变速按钮

● **"常规变速"按钮■**。点击"常规变速"按钮■，打开对应的"常规变速"栏，默认情况下，短视频的原始倍数为1倍（1×），拖动变速值上的滑块可改变短视频的播放速度。当倍数大于1倍时，短视频播放速度将加快；反之，短视频播放速度将减慢，调整完成后，点击"确定"按钮☑️。

● **"曲线变速"按钮**📈。点击"曲线变速"按钮📈，打开对应的"曲线变速"栏，其中提供了7种不同的曲线变速选项，如"自定""蒙太奇""英雄时刻"等，如图2-10所示。选择任意一种选项，可以为当前短视频应用所选变速效果，点击该选项对应的"点击编辑"按钮，打开曲线编辑面板，如图2-11所示，此时，可以调整曲线中控制点⭕的位置，以满足不同的播放速度要求。

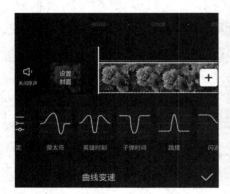
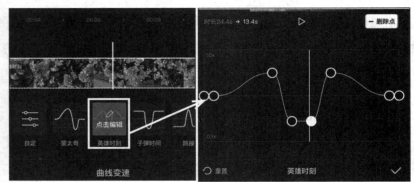

图2-10　不同类型的曲线变速选项　　　　　图2-11　曲线编辑面板

知识补充

　　使用"曲线变速"功能进入曲线编辑面板后，拖动曲线中的控制点⭕可以加快或减慢短视频的播放速度。同时，选中其中一个控制点⭕，然后点击"删除点"按钮，可删除该控制点⭕。除此之外，将时间线移至除控制点⭕外的任意位置上，点击"添加点"按钮，可添加一个控制点⭕。

任务实施

1. 导入并分割短视频

剪辑短视频之前，应先将视频素材导入剪映中。下面将导入两段视频素材，并对其中一段视频素材进行分割，具体操作如下。

微课视频
导入并分割短视频

①　打开剪映，在主界面中点击"开始创作"按钮，如图 2-12 所示。在"最近项目"列表中点击"视频"按钮，选择要添加的两段视频素材 [素材参见：素材文件 \ 项目二 \ 大自然 .mp4、大自然（1）.mp4]，如图2-13所示，然后点击"添加"按钮。

②　此时，时间轴轨道中将显示添加的视频素材，并在显示面板中展示对应的短视频

画面，选中第二段视频素材，将时间线定位至第 17s 处，然后点击底部工具菜单栏中的"分割"按钮 ▋ ，如图 2-14 所示。

图2-12　点击"开始创作"按钮

图2-13　选择要添加的视频素材

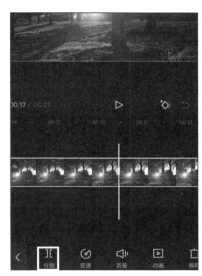

图2-14　点击"分割"按钮

❸　该视频素材将被分割成两段，选中分割后的后半段视频素材，点击底部工具菜单栏中的"删除"按钮 ▣ ，如图 2-15 所示，删除该段短视频素材，效果如图 2-16 所示。

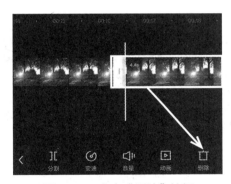

图2-15　点击"删除"按钮

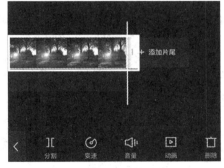

图2-16　删除后的效果

2. 调整视频素材的时长和顺序

剪辑短视频时，如果发现视频素材的时长和顺序有误，可以手动进行调整。下面将使用剪映中的"变速"功能调整视频素材的时长，并将第二段视频素材调整为第一段，具体操作如下。

微课视频

调整视频素材的
时长和顺序

❶　在时间轴轨道中选中第二段视频素材后，点击底部工具菜单栏中的"变速"按钮 ◎ ，打开"变速"工具菜单栏，点击"常规变速"按钮 ◪ ，如图 2-17 所示。

❷　打开"常规变速"栏，将变速值中的滑块拖动至"0.6×"处，点击"确定"按钮 ✓ ，如图 2-18 所示。

❸ 选中第一段视频素材，点击底部工具菜单栏中的"变速"按钮 ，如图 2-19 所示。

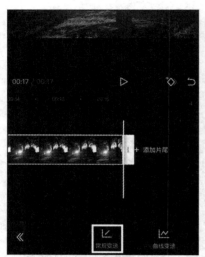
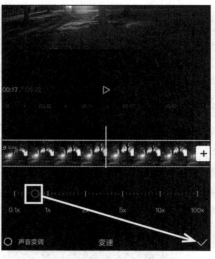

图2-17　点击"常规变速"按钮　　　图2-18　调慢视频播放速度　　　图2-19　点击"变速"按钮

❹ 打开"变速"工具菜单栏，点击"曲线变速"按钮 ，如图 2-20 所示，选择"蒙太奇"选项，点击"确定"按钮 ，如图 2-21 所示。

❺ 选中第二段视频素材并按住不放，将其拖动至第一段素材的前方，效果如图 2-22 所示。

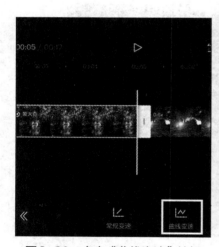
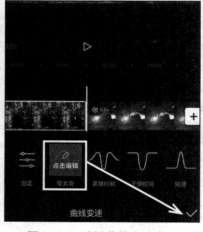
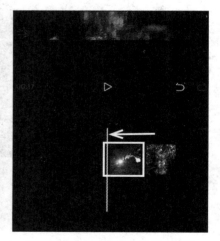

图2-20　点击"曲线变速"按钮　　　图2-21　选择曲线变速类型　　　图2-22　调整视频素材的顺序

3. 裁剪短视频

裁剪短视频不仅可以提升画面质量，还能使画面主次更加分明。下面将分别对两段视频素材画面进行旋转和按比例裁剪，具体操作如下。

❶ 选中时间轴轨道中的第一段视频素材，将双指定位至显示面板中，然后将短视频画面顺时针旋转 5°，效果如图 2-23 所示。

微课视频
裁剪短视频

② 选中第二段视频素材，点击底部工具菜单栏中的"编辑"按钮，如图 2-24 所示，打开"编辑"工具菜单栏，点击"裁剪"按钮，如图 2-25 所示。

 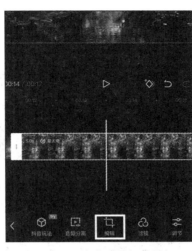 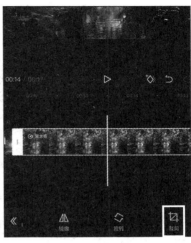

图 2-23　旋转短视频画面　　　　　　图 2-24　点击"编辑"按钮　　　　　　图 2-25　点击"裁剪"按钮

③ 打开"裁剪"工具菜单栏，选择"4：3"选项，点击"确定"按钮，如图 2-26 所示。

④ 将双指定位至显示面板中，双指向外拖动以放大画面并顺时针旋转 4°，效果如图 2-27 所示。

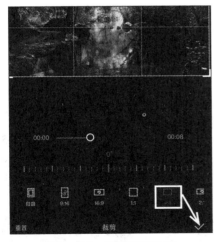 

图 2-26　选择裁剪比例　　　　　　　　　图 2-27　放大并旋转短视频画面

4．添加音频和贴纸

为了进一步丰富短视频的效果，下面将在剪辑后的短视频中添加音频和贴纸，具体操作如下。

① 将时间线拖动至短视频的初始位置，在未选中视频素材的状态下，点击工具菜单栏中的"音频"按钮，打开"音频"工具菜单栏，点击"音

微课视频

添加音频和贴纸

乐"按钮⊙，如图 2-28 所示。

②　打开"添加音乐"界面，选择"抖音收藏"列表中的"西部旅游纯玩向导"音乐，点击"使用"按钮，如图 2-29 所示。

③　选中添加的音频，点击底部工具菜单栏中的"变速"按钮，如图 2-30 所示。

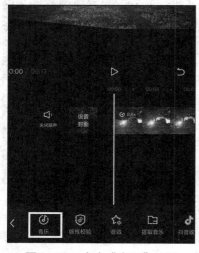

图2-28　点击"音乐"按钮

图2-29　点击"使用"按钮

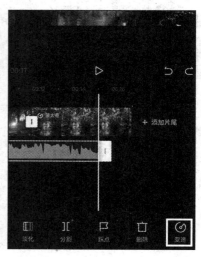

图2-30　点击"变速"按钮

④　向左拖动变速值中的滑块至"0.9×"处，放慢音频播放速度，点击"确定"按钮✓，如图 2-31 所示。

⑤　点击底部的"返回"按钮◀，在工具菜单栏中点击"贴纸"按钮◉，如图 2-32 所示。

⑥　打开"贴纸"工具菜单栏，在"旅行"列表中选择"山河远阔"选项，适当移动贴纸的显示位置，点击"确定"按钮✓，如图 2-33 所示。

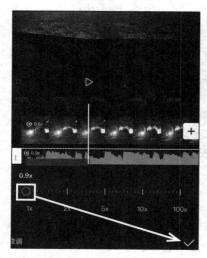

图2-31　放慢音频播放速度

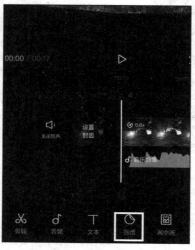

图2-32　点击"贴纸"按钮

图2-33　添加贴纸

7 此时，操作面板中将新增一条贴纸轨道，向右拖动该轨道末端的 图标，使其与短视频长度保持一致，效果如图 2-34 所示。

8 点击显示面板中的"播放"按钮▷，查看短视频剪辑效果，确认无误后，点击界面右上角的"导出"按钮，如图 2-35 所示。

9 此时，剪映将显示导出进度，如图 2-36 所示。稍作等待后，便可在手机相册中查看导出的短视频文件（效果参见：效果文件\项目二\大自然 .mp4）。

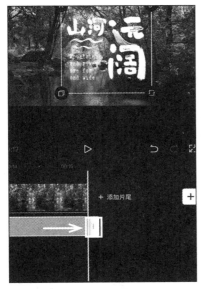

图2-34 调整贴纸时长　　　　图2-35 导出视频　　　　图2-36 显示导出进度

任务二　增强短视频的画面冲击力

短视频剪辑是一个不断完善的过程，除了要学会基本的剪辑操作外，还要学会灵活运用各种辅助工具来制作出更具视觉冲击力的短视频。

 **任务目标**

老洪看过米拉剪辑的短视频后，发现米拉剪辑的短视频画面缺乏冲击力。于是，老洪找到一段具有特色的短视频，为米拉分析其中的剪辑思路和所应用的辅助工具。米拉听后觉得受益匪浅，也决定使用剪映提供的一些特色工具（如画中画、关键帧等）来增强短视频画面的冲击力，最终效果如图 2-37 所示。

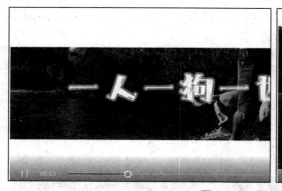

微课视频

效果预览

图2-37   短视频最终效果

相关知识

短视频是各大新媒体平台上常见的表现形式，只有质量高、内容丰富的短视频，才能够吸引用户的视线。因此，使用剪映剪辑短视频前，需要先了解短视频基础知识，如视频参数、关键帧等。

1. 视频参数

常见的视频参数有视频分辨率、帧速率、编码率和时间码等，前两种参数在剪辑短视频时较为常用。

● **视频分辨率**。视频分辨率是指视频图像在一个单位尺寸内的精密度，又称为视频解析度，它决定了视频图像细节的精细程度。常见的视频分辨率有720P、1080P、2K、4K。其中，720P是指1280像素×720像素的分辨率，即常说的"高清"；1080P是指1920像素×1080像素的分辨率，即常说的"超清"；2K是指水平方向的像素达到2000像素以上的分辨率，通常为2048像素×1024像素的分辨率，常用于数字影院；4K是指水平方向的像素达到或接近4096像素的分辨率，多数情况下特指4096像素×2160像素的分辨率。

● **帧速率**。帧速率是指每秒显示图片的帧数，单位为帧/秒。在电影中，帧速率通常指每秒所显示的静止帧格数。帧速率对短视频的影响主要取决于播放短视频时所使用的帧速率大小。若拍摄了帧速率为8帧/秒的短视频，然后以24帧/秒的帧速率播放，则可以达到快放的效果。相反，若拍摄了帧速率为96帧/秒的视频，然后以24帧/秒的帧速率播放，则可以达到慢放的效果。

● **编码率**。编码率是指视频在单位时间内使用的数据流量，一般来说，视频的编码率越大，压缩比例就越小，画面质量也就越好。

● **时间码**。时间码是指摄像机在记录图像信号时，针对每一幅图像记录的时间编码，它是一种数字信号，该信号为视频中的每一帧都分配一个数字。

2. 关键帧

关键帧是计算机动画术语，是指角色或者物体运动变化中关键动作所处的那一帧，帧相当于视频画面中的每一个镜头。在剪映中，帧表现为一个标记，其作用是记录视频信息，包括短视频的时间、位置、颜色、大小等，在短视频中添加第一个关键帧后，剪映将记录下当前视频的所有参数值；接下来继续添加第二个关键帧，剪映同样会记录视频的所有参数值，当这两个关键帧之间的参数值不一样时，两个关键帧之间就会产生过渡，此时，剪映将按照预先设置好的参数值来播放视频。

在剪映中，通过关键帧可以使静态的图片或视频素材动态化。在剪映中使用关键帧的方法为：在时间轴轨道中选中要编辑的素材，此时，显示面板中将显示"关键帧"按钮◆，将时间线定位至目标位置后，点击"关键帧"按钮◆，为素材添加第一个关键帧，使用相同的方法继续为素材添加多个关键帧，如图 2-38 所示。当时间线位于关键帧上时，关键帧将变为红色，此时可以通过在显示面板中移动、放大画面或文本等方法来改变关键帧的参数值，图 2-39 所示为利用关键帧制作动态文本的效果。如果对添加的关键帧不满意，可以点击显示面板中的◆按钮删除关键帧。

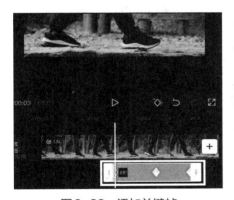

图2-38　添加关键帧

图2-39　利用关键帧制作动态文本

知识补充

在剪映中，只有选中素材后，显示面板中才会显示"关键帧"按钮◆。另外，在素材的起始位置和结束位置分别添加关键帧后，若改变这两个关键帧之间的参数值，时间轴轨道中将自动添加关键帧；若想改变某个关键帧上的参数值，则需要点击该关键帧，然后在显示面板中编辑视频。

3."画中画"功能

画中画就是在现有画面的基础上叠加一个画面。通过剪映提供的"画中画"功能不仅能使两个画面同步播放，而且可以轻松实现画面的融合。使用"画中画"功能的方法为：在剪映中导入一段素材，然后点击工具菜单栏中的"画中画"按钮▣，打开"画中画"

工具菜单栏；点击"新增画中画"按钮 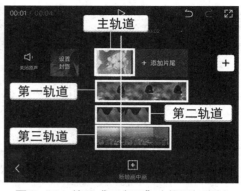 ，打开"最
近项目"列表，选择要添加的素材后，点击"添加"
按钮，依次在不同轨道中添加素材；其中第一个轨
道称为主轨道，其他轨道均为画中画轨道，也可以
按排序序号来命名，如紧邻主轨道且位于其下方的
轨道可称为第一轨道，以此类推，如图2-40所示。

图2-40　使用"画中画"功能添加素材

4．画面混合模式

　　通过"画中画"功能添加多段素材后，显示面
板中会叠加显示多个画面，为了使这些画面融合在一起，还需要设置画面混合模式。设
置画面混合模式的方法为：选中任一轨道上的画中画素材，点击底部工具菜单栏中的
"混合模式"按钮 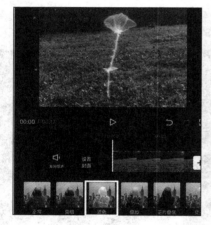 ，选择适合的混合模式，图2-41所示为应用不同画面混合模式后的
效果。

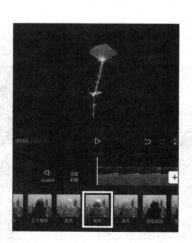

图2-41　应用不同画面混合模式后的效果

●"变暗"混合模式。变暗是指去掉画面中的亮色部分，常用于处理底色为白色的短视频。

●"正片叠底"混合模式。正片叠底是指去掉画面中的暗色部分，与"变暗"混合
模式相比，用"正片叠底"混合模式混合出来的效果会更暗。

●"滤色"混合模式。滤色也是指去掉画面中的暗色部分，但混合出来的效果为漂
白效果，常用于处理底色为黑色的短视频。

●"变亮"混合模式。变亮与滤色效果相似，两者相比，滤色更浅、更亮。

●"叠加"混合模式。叠加效果与画面亮度有关，亮度的范围为0到255，共256级，
这个组合以中间128级为界限。当底层画面的亮度不大于128级时，采用类似于"正片叠
底"的模式混合；当底层画面的亮度大于128级时，采用类似于"滤色"的模式混合。

●"强光"混合模式。"强光"混合模式和"叠加"混合模式类似，但"强光"混合
模式以上层图层的亮度等级为标准，最终混合亮度取决于上层图层的亮度。

● **"柔光"混合模式**。"柔光"混合是指去掉素材中亮色和暗色的部分。与"强光"混合模式相比，"柔光"混合模式过渡更加柔和。

● **"颜色加深"混合模式**。颜色加深是指通过增加对比度，使底层画面中的颜色加深，即底层画面中暗色的地方更暗，甚至直接变黑。

● **"线性加深"混合模式**。线性加深和颜色加深区别不大，只是饱和度略低于后者，但过渡会更加柔和。

● **"颜色减淡"混合模式**。颜色减淡是指降低画面的对比度，使底层画面的颜色变亮。

5. "定格"和"倒放"功能

有些短视频中会出现定格和倒放画面，这些效果也可以通过剪映来实现。

● **"定格"功能**。使用剪映时，如果需要将某个画面静止，便可使用"定格"功能，定格后的片段可单独进行编辑。定格画面的方法为：在时间轴轨道中选中素材后，将时间线拖动至素材中需要定格的位置，点击底部工具菜单栏中的"定格"按钮■，此时时间轴轨道中会出现3s的定格片段，如图2-42所示，然后再根据实际需求调节或者编辑短视频。

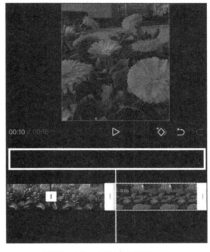

图2-42　画面定格效果

● **"倒放"功能**。倒放也是剪辑短视频的一种方法，它是指通过剪辑使部分短视频内容实现从后往前播放的效果，当短视频中需要出现回忆内容时就可以采用"倒放"功能。倒放画面的方法为：在时间轴轨道中选中要编辑的素材后，点击底部工具菜单栏中的"倒放"按钮■，系统将显示倒放进度，稍作等待后剪映会提示倒放成功，并自动开始倒放。

影像可以倒放，但人生不能重来。因此，无论是在工作、生活还是学习中，我们都要做好充分的准备，并认真对待每一件事情，努力生活、工作和学习，把握当下，不给自己留遗憾。

职业素养

任务实施

1. 导入并裁剪素材

将素材导入剪映中是剪辑短视频的第一步。下面将导入素材库中的白底素材和手机相册中的一段视频素材，并进行编辑，具体操作如下。

微课视频

导入并裁剪素材

❶ 打开剪映，点击"开始创作"按钮，在"最近项目"列表中选择要编辑的视频素材（素材参见：素材文件 \ 项目二 \ 一人一狗一世界 .mp4），点击"素材库"按钮，在展开的列表中选择"黑白场"栏中的"白底"选项，如图 2-43 所示，然后点击"添加"按钮。

❷ 打开编辑界面，选择时间轴轨道中的白底素材，然后点击底部工具菜单栏中的"切画中画"按钮 ⌘，如图 2-44 所示。

❸ 将第二轨道中的白底素材拖至时间线的起始位置，效果如图 2-45 所示。

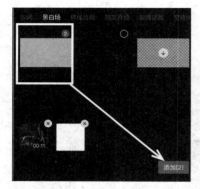

图2-43 选择"白底"选项

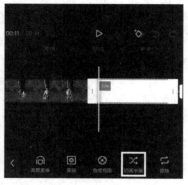

图2-44 点击"切画中画"按钮

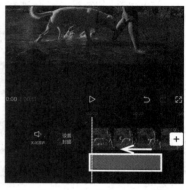

图2-45 拖动素材

❹ 点击底部工具菜单栏中的"编辑"按钮 ⌗，然后在"编辑"工具菜单栏中点击"裁剪"按钮 ⌗，如图 2-46 所示。

❺ 打开"裁剪"选项栏，选择"自由"选项，然后向上拖动显示面板中画面右下角的控制柄，缩小画面高度，效果如图 2-47 所示，点击"确定"按钮 ✓。

❻ 拖动白底素材轨道末端的 ⎵ 图标，使其持续时间与视频素材持续时间保持一致，效果如图 2-48 所示。

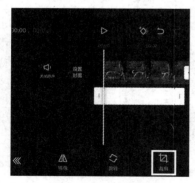

图2-46 点击"裁剪"按钮

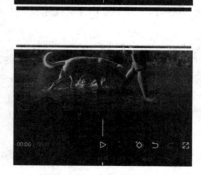

图2-47 自由裁剪画面

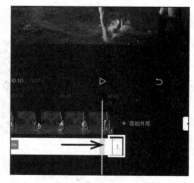

图2-48 调整白底素材的时长

❼ 在选中白底素材的状态下，点击底部工具菜单栏中的"复制"按钮 ⎘，复制白底素材，如图 2-49 所示。

❽ 在时间轴轨道中选中复制得到的白底素材，拖动该素材至第三轨道，并使其与视频素材的起始位置对齐，如图 2-50 所示。

⑨ 在显示面板中，拖动第三轨道中的白底素材，使其下边框与短视频画面的底部对齐，效果如图 2-51 所示。

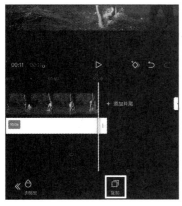

图2-49　点击"复制"按钮

图2-50　调整复制得到的白底素材的位置

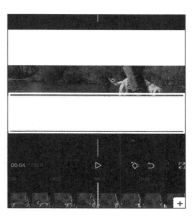

图2-51　拖动白底素材

2．使用"画中画"功能

为了让短视频变得更有意境，可以通过"画中画"功能在当前短视频画面中插入另一个画面。下面将在当前的短视频画面中添加另一段短视频，并采用"滤色"混合模式，具体操作如下。

① 点击操作面板中的空白区域，在底部工具菜单栏中点击"新增画中画"按钮■，如图 2-52 所示。

② 在打开的"最近项目"列表中选择要添加的视频素材（素材参见：素材文件\项目二\黑底素材.mp4），点击"添加"按钮，如图 2-53 所示。

③ 此时，操作面板中将新增一条轨道，在显示面板中使用双指放大新增的短视频画面，使其覆盖原有的短视频画面，效果如图 2-54 所示。

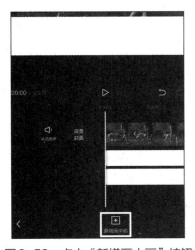

图2-52　点击"新增画中画"按钮

图2-53　添加另一段视频

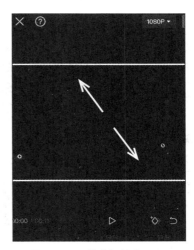

图2-54　放大短视频画面

④ 点击底部菜单栏中的"混合模式"按钮 ⊞，如图 2-55 所示。

⑤ 打开"混合模式"工具菜单栏，选择"滤色"选项，点击"确定"按钮 ✓，如图 2-56 所示。

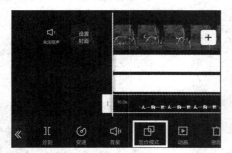

　　图2-55　点击"混合模式"按钮　　　　　　图2-56　选择"滤色"选项

3. 使用"关键帧"功能

由于添加的白底素材为照片，无动态效果。因此，下面将使用"关键帧"功能，为短视频画面制作动态开幕效果，具体操作如下。

① 选中第二条轨道中的白底素材，拖动时间线至短视频的起始位置，点击显示面板中的"关键帧"按钮 ◇，在短视频起始位置添加一个关键帧，效果如图 2-57 所示。

② 按照相同的操作方法，在第二条轨道中的白底素材结束位置添加一个关键帧，效果如图 2-58 所示。

③ 将时间线移至白底素材结束位置的关键帧上，然后在显示面板中向上拖动白底素材，使短视频画面上半部分全部显示出来，效果如图 2-59 所示。

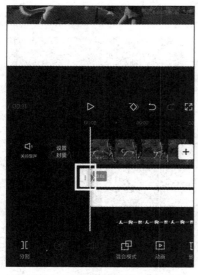
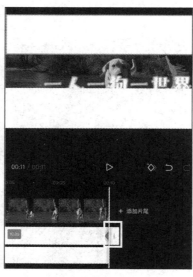
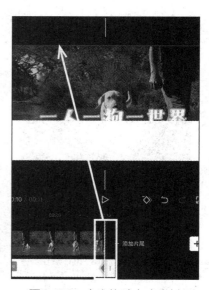

　图2-57　在起始位置添加关键帧　　图2-58　在结束位置添加关键帧　　图2-59　向上拖动白底素材

④ 按照相同的操作方法，在第三条轨道中的白底素材的起始位置和结束位置分别添加一个关键帧，效果如图 2-60 所示。

⑤ 将时间线移至第三条轨道中白底素材结束位置的关键帧上，然后在显示面板中向下拖动白底素材，使短视频画面下半部分全部显示出来，效果如图 2-61 所示。

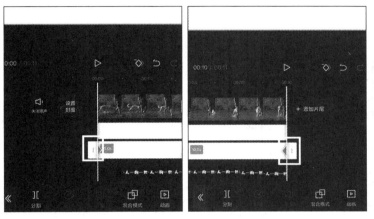

图2-60 添加两个关键帧

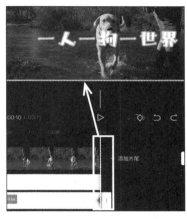

图2-61 向下拖动白底素材

4. 添加音频并导出文件

一段完整的短视频不能缺少音频。下面将在短视频中添加"抖音收藏"列表中的音频并导出文件，具体操作如下。

微课视频

添加音频并导出文件

① 在未选中素材的状态下，点击操作面板中的"添加音频"按钮，打开"音频"工具菜单栏，点击"音乐"按钮⊙，如图 2-62 所示。

② 打开"添加音乐"界面，选择"抖音收藏"列表中的音乐，点击"使用"按钮，如图 2-63 所示。

③ 选中添加的音频轨道，将时间线移至第 10s 处，点击底部工具菜单栏中的"分割"按钮Ⅱ，如图 2-64 所示。

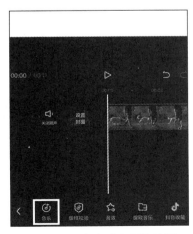

图2-62 点击"音乐"按钮

图2-63 点击"使用"按钮

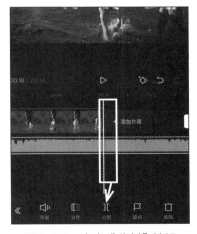

图2-64 点击"分割"按钮

④　选中分割后的后半段音频，然后点击底部工具菜单栏中的"删除"按钮▣将其删除，如图 2-65 所示。

⑤　点击显示面板右上角的"分辨率"按钮 1080P ▾ ，在打开的界面中将分辨率设置为"1080P"，然后点击"导出"按钮，如图 2-66 所示。此时，界面中将显示导出进度，如图 2-67 所示，稍作等待后，将成功导出短视频文件（效果参见：效果文件 \ 项目二 \ 一人一狗一世界 .mp4）。

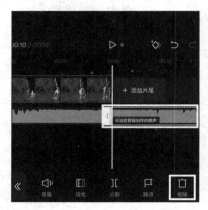
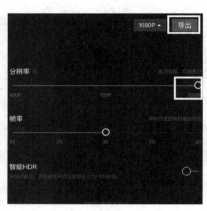
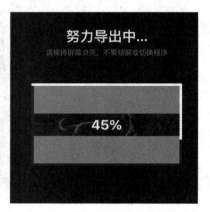

图2-65　删除分割后的后半段音频　　　　图2-66　设置分辨率　　　　图2-67　显示导出进度

实训一　将横版短视频变为竖版短视频

【实训要求】

在许多主流手机社交媒体上，竖版短视频更符合用户的观看习惯。因此，下面将把横版短视频变为竖版短视频。本实训将重点练习设置视频比例和添加画中画的方法。

【实训思路】

本实训将选择一段视频素材和一张背景图片来制作短视频。先准备好要剪辑的素材文件，然后对素材进行编辑，包括裁剪素材、放大画面、使用"画中画"功能等。操作思路如图 2-68 所示。

微课视频

实训一

【步骤提示】

①　打开剪映，在主界面中点击"开始创作"按钮，在"最近项目"列表中选择要剪辑的照片素材（素材参见：素材文件 \ 项目二 \ 背景 .jpg），点击"添加"按钮。

②　将照片素材的比例设置为"9：16"，在显示面板中将画面铺满整个显示区域，并将素材持续时间延长至 3.8s。

③　返回工具菜单栏，点击"画中画"按钮▣，在"画中画"工具菜单栏中点击"新增画中画"按钮▣，导入视频素材（素材参见：素材文件 \ 项目二 \ 日出 .mp4），并在显示面板中

放大视频画面，使其与背景重合，然后为添加的视频素材应用"强光"混合模式（效果参见：效果文件\项目二\日出 .mp4）。

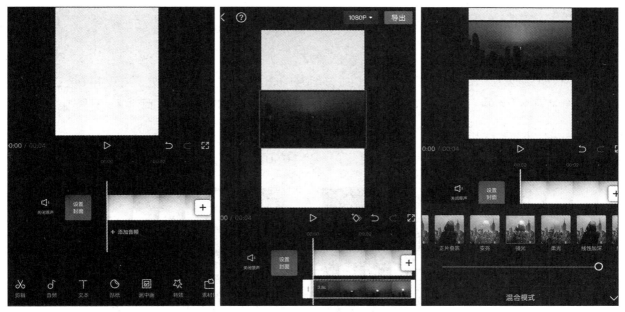

图2-68　将横版短视频变为竖版短视频的操作思路

知识补充

　　使用剪映编辑视频时，如果想要精准控制时间线，可以通过缩放手势来放大或缩小时间轴上的刻度值，其具体方法为：在操作面板中，双指向外滑动便可放大时间轴上的刻度值，双指向内滑动可以缩小时间轴上的刻度值。

实训二　制作宠物短视频

【实训要求】

　　使用剪映制作宠物想家的短视频，进一步熟悉使用剪映精细剪辑短视频的相关操作方法。

【实训思路】

　　本实训将运用视频变速、画中画、关键帧等相关知识剪辑短视频。打开剪映后，将要剪辑的视频素材添加到操作面板中，并对视频素材进行加速处理，然后添加画中画短视频，最后添加关键帧并导出短视频文件，操作思路如图 2-69 所示。

微课视频

实训二

【步骤提示】

❶ 打开剪映，添加"小狗 .mp4"视频素材（素材参见：素材文件\项目二\小狗 .mp4），

点击底部工具菜单栏中的"变速"按钮◎，然后点击"常规变速"按钮◢，将视频播放速度设置为"1.6×"。

② 点击"画中画"按钮⊡，添加另一段视频素材（素材参见：素材文件 \ 项目二 \ 画中画素材 .mp4），适当放大短视频画面后，将视频播放速度调整为"0.9×"，然后选择"滤色"画面混合模式。

③ 添加图 2-69 所示的文本内容，调整画中画时长，使其与主轨道中的时长保持一致，然后在画中画素材的起始位置和结束位置分别添加关键帧，将时间线移至结束位置关键帧处，在显示面板的预览区中移动文本位置至画面右侧。

④ 为短视频添加合适的背景音乐后，以 1080P 的分辨率导出短视频。

图 2-69   制作宠物短视频的操作思路

课后练习

练习1：利用关键帧制作无缝转场短视频

在剪映主界面点击"开始创作"按钮，添加两段视频素材（素材库中可以直接应用）到时间轴轨道中，选中后一段视频素材，点击工具菜单栏中的"切画中画"按钮⊠，并移动画中画视频素材，使其与主轨道中的视频素材的倒数第 2s 对齐。然后在两段视频素材的重合处添加关键帧，将主轨道中结束位置的关键帧所在位置的画面的"不透明度"调整为"0"，将画中画视频素材起始位置的关键帧所在位置的画面的"不透明度"调整为"0"。最后导出短视频查看效果，如图 2-70 所示（效果参见：效果文件 \ 项目二 \ 无缝转场视频 .mp4）。

练习2：制作美食短视频

　　尝试使用剪映对手机中保存的美食视频进行剪辑，涉及的剪辑操作包括导入素材库和手机中保存的素材、放大素材、使用"画中画"功能、添加音频等，效果如图2-71所示（效果参见：效果文件\项目二\巧克力草莓.mp4）。

图2-70　无缝转场效果

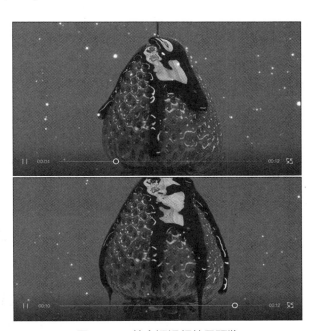

图2-71　美食短视频效果预览

1. 短视频剪辑思路

　　剪辑思路是影响短视频质量的重要因素，确定剪辑思路也是短视频剪辑中必不可少的环节之一。依据短视频类型的不同，剪辑思路也会存在差别，下面将介绍比较常见的旅行类、Vlog类和剧情类短视频的剪辑思路。

　　● **旅行类短视频剪辑思路**。大多数视频素材都是在旅行过程中即兴拍摄而获得的，所以，旅行类短视频的剪辑思路通常以排比、逻辑和相似3种为主。其中，排比的剪辑思路就是在剪辑视频素材时，利用匹配剪辑的手法，将多组不同场景、相同角度、相同行为的镜头进行组合，并按照一定的顺序进行排列，剪辑出具有跳跃感的短视频；逻辑的剪辑思路是指利用两个事物之间的动作前后逻辑关系，将两个视频素材组合在一起；相似的剪辑思路是指利用不同场景、不同物体的相似形状或相似颜色，将多组不同的视频素材进行组合，如瀑布和传水车等。

　　● **Vlog类短视频剪辑思路**。Vlog类短视频通常以第一人称视角记录用户生活中发生的事情，主要以事件发展顺序为线索来介绍整个事件的经过，并通过旁白的形式对内容展开讲解。此类短视频的素材比较庞大，剪辑时要做大量的"减法"，即在视频素材的基础上尽量删除没有意义的片段，只保留能够展示事件核心线索的片段。

● **剧情类短视频剪辑思路**。剧情类短视频的视频素材由大量单个镜头组成，剪辑的难度相对较大。通常按传统思路进行剪辑，即剪辑时一般遵循开端、发展、高潮和结局的发展思路，并在此基础上加入中心思想、主题风格、剪辑创意等元素。这些元素确定了短视频的基本风格，用户可根据这个基本风格挑选合适的背景音乐，并确定短视频的大概时长，从而完成剪辑工作。

2. 画中画层级排序

剪映中最多可以添加 6 层画中画，此时显示面板中出现的是层级最高的短视频画面，如果想要将底层画面显示在顶层，则需在时间轴轨道中选中要调整层级的画中画素材，然后点击底部工具菜单栏中的"层级"按钮 ⇅，在打开的"层级排序"栏中点击上方的数字，数字越大，视频画面越靠前，最后点击"确定"按钮 ✓。图 2-72 所示为选中画中画文本素材后，分别点击数字"1"和"2"之后的画面对比。

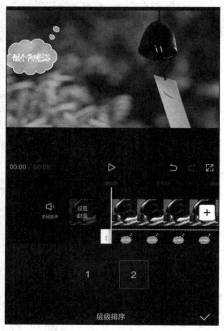

图2-72　调整画中画层级

项目三

自然流畅——调色、添加动画和转场效果

03

情景导入

老洪：米拉，视频剪辑工作并不是简单地合并素材，而是需要通过专业的剪辑方法来完成，如通过调色、添加动画、添加转场效果等方法制作出画面品质高且内容丰富的短视频。但从你最近提交的短视频作品来看，你比较缺乏这方面的能力。

米拉：我也发现自己剪辑的短视频效果有时不太理想，尤其是画面显得单调且缺乏美感。老洪，我该如何提高这方面的能力呢？

老洪：我告诉你一个小技巧，调色前先给画面添加一层滤镜，然后再对画面参数，如亮度、对比度、色温、色调、锐化等进行细微调节，这样调整出来的画面效果会更好。

米拉：原来画面调色操作还能和滤镜一起使用，我今天就来尝试用这种新方法剪辑短视频。

学习目标

○ 掌握调整画面色彩的方法
○ 熟悉为画面添加滤镜的操作
○ 熟悉为短视频添加不同类型动画的操作
○ 了解常见的转场类型
○ 掌握为短视频添加转场效果的方法

技能目标

○ 能够剪辑出具有高级感的短视频画面
○ 能够使短视频的视觉效果更具美感且更加独特

任务一　调整短视频画面色彩

有时拍摄的原始短视频画面可能存在偏色、曝光不足等问题，因此，为了使视频画面更加出彩，就需要对其进行后期处理，包括调整短视频画面的亮度、对比度、饱和度等参数。

任务目标

米拉按照老洪的建议，先为短视频画面添加滤镜进行精细调色，然后再剪辑短视频，果然，剪辑后的短视频整体效果有了很大提升，并且画面看起来也更加饱满和丰富，效果如图3-1所示。通过对该短视频进行剪辑，米拉掌握了为短视频添加滤镜和调色的相关操作。

微课视频

效果预览

日落一定是世界上最温柔的风景

图3-1　调整短视频画面色彩后的效果

相关知识

1. 调色基础知识

调色是短视频剪辑中非常重要的环节，通过调色可以使短视频画面呈现特别的色调或风格，如清新、唯美、复古等。要想调整出符合短视频风格的色调，需要先了解调色的主要目的，以及调色的基本流程，再了解一些常用的调色风格。

（1）调色的主要目的

通常来说，调色的主要目的是还原真实色彩和添加独特风格。

● **还原真实色彩**。无论摄影器材的性能多么优越，由于受到拍摄技术、拍摄环境和播放设备等多种因素的影响，最终展示出来的短视频画面与人眼看到的真实色彩都会存在一定差距，所以，需要通过调色来最大限度地还原真实的色彩。

● **添加独特风格**。通过调色将各种情绪和情感投射到短视频画面中，为其创造出独特的视觉风格，从而影响用户的情绪，让用户产生情感共鸣。

（2）调色的基本流程

调色的基本流程主要包括基础调色和风格化调色。

● **基础调色**。基础调色通常能满足大部分短视频的调色需求，主要包括白平衡、色调、曲线和色轮等参数的调整。其中，调整色调是最常见的调色方法。色调是指视频画面的相对明暗程度，是地物反射、辐射能量强弱在视频画面中的表现，拍摄对象的不同属性、形状、分布范围和组合规律都能通过色调差异反映在视频画面中。如果需要为短视频营造某种氛围或情绪，可以通过灵活调整色调来达到目的。短视频画面中常用的色调及其含义如表3-1所示。

表3-1　短视频画面中常用的色调及其含义

色调类别	具体含义				
浅色调	明快\年轻	明亮\清爽	舒适\清澈	阳光\干净	朴素\平和
深色调	成熟\商务	庄重\绅士	古典\执着	高端\格调	沉着\稳重
白色调	简洁\清淡	优雅\简约	低调\朴素	简单\和平	干净\纯洁
黑色调	强壮\阳刚	力量\男性	高级\奢华	神秘\冷静	庄严\悲凉
纯色调	明确\直接	开放\健康	热情\活力	纯真\深厚	儿童\盛夏
鲜亮色调	纯净\清爽	天真\淳朴	年轻\快乐	生动\活泼	艳丽\随意
阴暗色调	时髦\科技	低调\奢华	压抑\脏乱	朴素\柔韧	朦胧\暗淡

● **风格化调色**。利用剪映的"滤镜"和"调节"功能，可以更加精细地修饰短视频画面的颜色，进行风格化调色。图3-2所示为利用剪映的"调节"功能调整短视频画面的色温、色调、阴影、高光等参数的前后对比。

图3-2　风格化调色前后对比

（3）常用的调色风格

调色可以使短视频画面呈现出特殊风格，但具体风格需要根据短视频内容来确定，下面就根据不同的短视频类型介绍其常用的调色风格。

● **微电影风格**：色彩对比强烈，阴影偏深蓝色，中间偏青色，高光偏洋红色，适合剧情类短视频。在调色时可以通过二级节点将亮部和中间调至偏黄绿色（可以纠正亮部的白平衡），提升橙黄色的饱和度（增强与暗部蓝绿色调的反差），增强整体对比度。

● **大片效果风格**：色彩以冷暖对比为主，利用互补色的色彩理论，让画面更具吸引力。通常视频画面的高光部分和人物肤色为暖色调，阴影部分则为冷色调，适合剧情类、推荐类等短视频。

● **小清新风格**：整体色彩的饱和度较低，画面颜色偏暖、偏绿色，适合各种类型的短视频。

● **青橙风格**：整体色彩以青色和橙色为主，两种颜色在视频画面中形成强烈的对比，让画面更具视觉冲击力，适合旅行类短视频，如图3-3所示。

● **黑金风格**：色彩以黑色和金色为主，适合表现街景和夜景等的短视频，如图3-4所示。通常可将视频画面设置成黑白色，然后保留黑色部分，将白色部分转变成金色。

图3-3　青橙风格　　　　　　　　　　　　　图3-4　黑金风格

● **赛博朋克风格**：整体色彩以青绿色和洋红色为主，具有科幻感，适合Vlog和剧情类短视频。

● **怀旧复古风格**：色彩的饱和度较低、色调较暗，通常阴影偏青色、偏绿色或偏中性色，而高光偏黄色，适合剧情类或怀旧类的短视频，如图3-5所示。

● **时尚欧美风格**：色调厚重、浓郁，色彩以灰色、深蓝色和黑色等为主，适合美妆类、穿搭类短视频。

● **甜美糖果风格**：视频画面较亮、对比度和清晰度较低，主色饱和度高、亮度高，高光偏暖色，能让人感到甜美、明快，适合美食类短视频，如图3-6示。

图3-5　怀旧复古风格

图3-6　甜美糖果风格

2．调节画面色调

若要把短视频或图片调节出更高的质感，就需要用到剪映的"调节"功能，通过该功能可以设置画面的亮度、对比度、饱和度、光感、锐化等参数，如图 3-7 所示。点击对应按钮后，拖动滑块可改变参数值，最后点击"确定"按钮■应用设置。下面将介绍常用参数的含义。

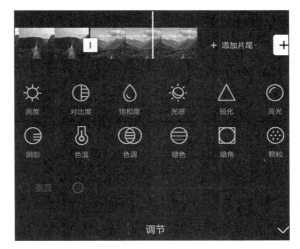

图3-7　调节画面参数

● **亮度**。亮度是指画面的整体明暗程度。

● **对比度**。对比度是画面最高和最低灰度级之间的灰度差。对比度越高，画面中亮的部分就越亮，暗的部分就越暗。

● **饱和度**。饱和度是指色彩的纯度。饱和度越高，画面颜色越鲜艳；反之，画面颜色则越暗淡。

● **锐化**。锐化是指补偿画面中像素的轮廓，增强像素的边缘，使画面变得清晰。因此，锐化度越高，画面清晰度就越高。但在提升画面锐化度的同时，也会放大画面中的一些好与坏的细节，锐化度过高反而会造成画面质量下降。

● **色调**。色调是指图像的相对明暗程度，在彩色图像上表现为颜色。例如，某一个图像虽然用了多种颜色，但总体有一种倾向，即偏暖或偏冷等，这种颜色上的倾向就是这个图像的色调。

● **色温**。色温是表现光线温度的参数，通常冷光的色温高，偏蓝色；暖光的色温低，偏红色。在图3-8所示的图片中，色温由左到右越来越高。

图3-8　不同色温的对比效果

知识补充

　　在短视频后期处理中，用户往往会根据需要的画面风格来调节画面参数，如需要小清新风格，则应提高亮度，降低对比度，提高色温和饱和度。由此可见，调节画面色调时需要综合调整多个参数，而不是单独调整其中的某一个参数。

3. 为素材添加滤镜

　　滤镜是提升画面质感的重要工具之一，在剪映中，通过为素材添加滤镜，可以很好地掩盖画面缺陷，并能使画面更加生动、绚丽。在剪映中添加滤镜的方式有两种，一种是将滤镜应用到单个素材中，另一种是将滤镜作为一段独立素材应用到某一段时间轴轨道上。

　　（1）将滤镜应用到单个素材中

　　在时间轴轨道中选中一段素材，点击底部工具菜单栏中的"滤镜"按钮，如图3-9所示，打开"滤镜"选项栏，在其中点击一种滤镜效果，可以将其应用到所选素材中。拖动滑块可以改变滤镜的强度，如图3-10所示。

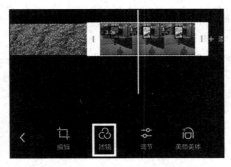

图3-9　点击"滤镜"按钮　　　　　　　　　　图3-10　改变滤镜强度

完成设置后，点击"确定"按钮☑，此时所选滤镜效果仅添加到当前选中的素材中，若需要为其他素材应用相同的滤镜效果，则可点击界面左下角的"全局应用"按钮🗃。

（2）将滤镜应用到某一段时间轴轨道上

在未选中素材的状态下，点击底部工具菜单栏中的"滤镜"按钮🎭，打开"滤镜"选项栏，点击"新增滤镜"按钮🎭，在打开的"滤镜"选项栏中点击任意一款滤镜效果，如图3-11所示，调整滤镜强度后点击"确定"按钮☑。此时，时间轴轨道中将新增一段可调整时长的滤镜素材，如图3-12所示。按住素材前后的┃图标，可以调整素材的持续时长；选中滤镜素材后拖动，可以改变滤镜素材的应用时间段，如图3-13所示。

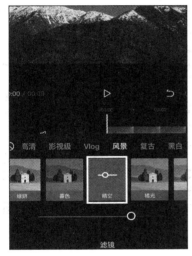
图3-11 选择"晴空"滤镜

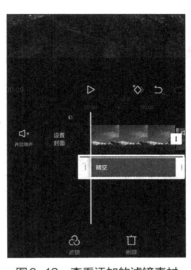
图3-12 查看添加的滤镜素材

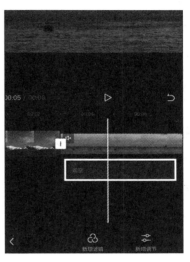
图3-13 调整滤镜素材的应用时间段

在剪映中，如果对添加的滤镜不满意，可以在选中滤镜素材后，在界面底部的工具菜单栏中点击"删除"按钮🗑，将其删除。

知识补充

在剪映中，可以为素材添加多个滤镜效果，具体方法为：选中素材后，点击"滤镜"按钮🎭为素材添加第一个滤镜；然后在未选中素材的状态下，再次点击"滤镜"按钮🎭，在打开的"滤镜"选项栏中点击"新增滤镜"按钮🎭，打开"滤镜"选项栏，点击要应用的滤镜后，可以为素材添加第二个滤镜；以此类推，可以为素材添加多个滤镜。

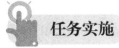
任务实施

1. 为素材添加"自然"滤镜

暖色调的日落画面可以给人非常温暖的感觉。因此，下面将通过"自然"滤镜对日落短视频进行美化，具体操作如下。

微课视频

为素材添加"自然"滤镜

❶　打开剪映后，点击"开始创作"按钮，导入需编辑的短视频（素材参见：素材文件 \ 项目三 \ 日落下的沙滩 .mp4）。

❷　选中素材后，将时间线定位到短视频素材的第 8s 处，点击底部工具菜单栏中的"分割"按钮 🔲，如图 3-14 所示。

❸　选中分割后的前半段视频，点击底部工具菜单栏中的"滤镜"按钮 🔳，如图 3-15 所示。

❹　在打开的"滤镜"选项栏中点击"高清"选项卡，选择其中的"自然"滤镜，然后拖动滑块将滤镜强度设置为"96"，最后点击"确定"按钮 ☑，如图 3-16 所示。

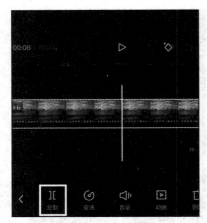

图3-14　点击"分割"按钮

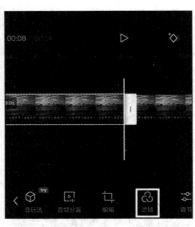

图3-15　点击"滤镜"按钮

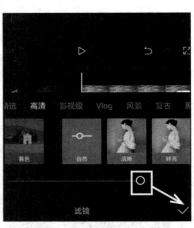

图3-16　为素材添加"自然"滤镜

2. 为素材添加"高饱和"滤镜

画面颜色的不断变化可以体现出日落的变化过程。下面将进一步采用"高饱和"滤镜来美化日落画面，具体操作如下。

❶　在未选中素材的状态下，点击底部工具菜单栏中的"新增滤镜"按钮 🔳，如图 3-17 所示。

❷　打开"滤镜"选项栏，在"影视级"选项卡中选择"高饱和"滤镜，拖动滑块将滤镜强度设置为"96"，点击"确定"按钮 ☑，如图 3-18 所示。

❸　此时，时间轴轨道中将新增一条滤镜轨道，向右拖动该轨道右侧的 图标，将轨道时长拖至第 8s 处，效果如图 3-19 所示。

微课视频

为素材添加"高饱和"滤镜

知识补充

　　在素材中添加滤镜后，在界面空白处点击取消选中素材，点击底部工具菜单栏中的"新增调节"按钮 🎚，打开"调节"选项栏，在其中可以对画面参数进行精细调节，包括对比度、光感、锐化、阴影、色温等。

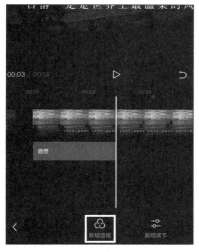
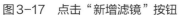
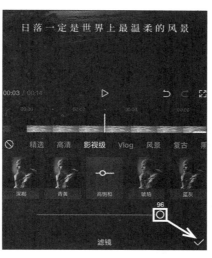
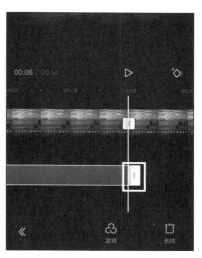

图3-17　点击"新增滤镜"按钮　　　图3-18　为素材添加"高饱和"滤镜　　　图3-19　调整滤镜时长

3．对画面色调进行精细调节

微课视频

对画面色调进行
精细调节

为了获得落日熔金的美丽画面，下面将综合运用"滤镜"和"调节"功能对视频画面进行精细调节，具体操作如下。

❶　选中时间轴轨道中的后半段短视频素材，并将时间线移至第8s处，点击底部工具菜单栏中的"滤镜"按钮，如图3-20所示。

❷　打开"滤镜"选项栏，点击"风景"选项卡，选择其中的"仲夏"滤镜，并将滤镜强度调整为"80"，点击"确定"按钮，如图3-21所示。

❸　在界面空白处点击取消选中素材，点击底部工具菜单栏中的"新增调节"按钮，如图3-22所示。

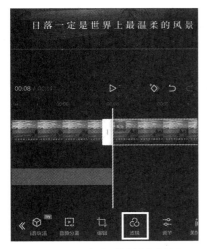
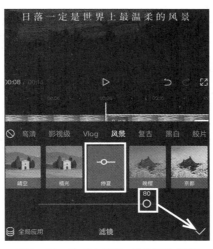
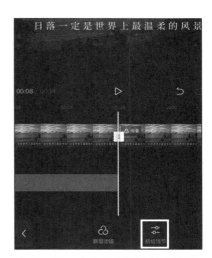

图3-20　点击"滤镜"按钮　　　图3-21　为素材添加"仲夏"滤镜　　　图3-22　点击"新增调节"按钮

❹　在打开的"调节"选项栏中点击"对比度"按钮，并拖动下方的滑块至"23"处，将"对比度"数值调整为"23"，如图3-23所示。

5 在"调节"选项栏中点击"饱和度"按钮◐，并调整"饱和度"数值为"11"，如图 3-24 所示。

6 在"调节"选项栏中点击"锐化"按钮△，并调整"锐化"数值为"8"，如图 3-25 所示。

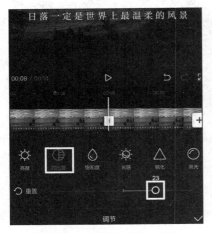
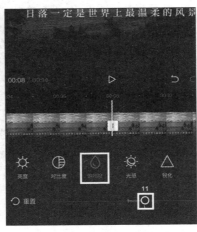
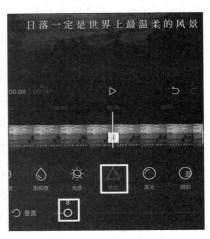

图3-23　调整画面对比度　　　图3-24　调整画面饱和度　　　图3-25　调整画面锐化

7 在"调节"选项栏中点击"色温"按钮🌡，并调整"色温"数值为"-10"，如图 3-26 所示。

8 在"调节"选项栏中点击"色调"按钮◉，并调整"色调"数值为"26"，如图 3-27 所示。

9 在"调节"选项栏中点击"暗角"按钮▣，并调整"暗角"数值为"13"，然后点击"确定"按钮✓，如图 3-28 所示，再点击右上角的"导出"按钮，导出视频（效果参见：项目三\日落下的海滩.mp4）。

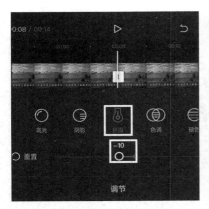
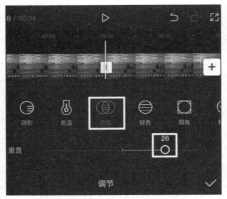
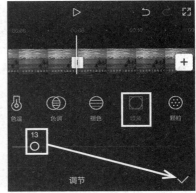

图3-26　调整画面色温　　　图3-27　调整画面色调　　　图3-28　调整画面暗角

任务二　为短视频添加动画

动画是指能够让画面产生平移、旋转、缩放等运动的效果。在剪映中，用户不仅可以通过滤镜来为短视频画面增光添彩，而且可以使用恰到好处的动画效果使画面更具美感和更加个性化，与此同时，还能实现一些特殊的视觉效果。

 **任务目标**

老洪告诉米拉，在剪映中，除了可以对视频片段进行剪辑外，还可以对照片进行剪辑，但照片是静止的，为了让其动起来就需要为其添加动画效果。老洪找到几张客户提供的照片，让米拉通过剪映的"动画"功能制作出动感相册。米拉完成后的最终效果如图3-29所示。

微课视频

效果预览

图3-29 最终效果

 **相关知识**

剪映为用户提供了入场动画、出场动画和组合动画3种不同类型的动画效果，在完成短视频的基础剪辑操作后，如果觉得画面效果比较单调，便可尝试为素材添加动画效果来丰富画面。在剪映中，为素材添加动画效果的方法为：在时间轴轨道中选中素材，点击底部工具菜单栏中的"动画"按钮▶，在打开的"动画"工具菜单栏中提供了3种动画类型，如图3-30所示，点击其中的任意一种，并在打开的选项栏中选择任意效果即可将其应用到素材中，如图3-31所示。

为素材添加动画效果后，该素材对应的时间轴轨道上将覆盖一层透明的色块，色块长度将随动画时长的改变而改变，即增加动画时长后，色块将变长；反之，色块将变短。

知识补充

在剪映中，可以添加动画效果的素材有视频、图片、贴纸、文本等。其中，可以为视频和图片添加的动画类型为入场动画、出场动画和组合动画，而可以为贴纸和文本添加的动画类型则为入场动画、出场动画和循环动画。

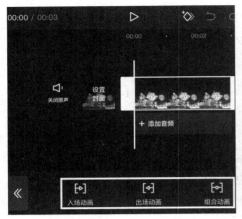

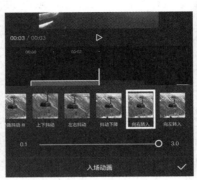
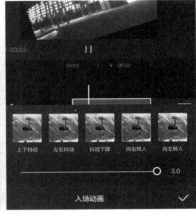

图3-30　不同的动画类型　　　　　　　　图3-31　为图片应用组合动画效果

1．入场动画

入场动画是指画面第一时间进入人的视线时的动态效果，剪映提供的入场动画种类很多，包括渐显、轻微放大、放大、缩小、向左滑动、向右滑动等30多种，不同入场动画产生的画面效果各不相同，用户可以根据实际需要进行选择。

2．出场动画

出场动画是指画面离开人的视线时的动态效果，剪映提供的出场动画种类很多，包括轻微放大、向上滑动、旋转、向上转出等13种，不同出场动画产生的画面效果各不相同，用户可以根据实际需要进行选择。

3．组合动画

组合动画可以简单理解为入场动画和出场动画的叠加使用，剪映提供了几十种组合动画效果，如拉伸扭曲、缩小弹动、滑入波动、旋转降落、方片转动等，不同组合动画产生的画面效果各不相同，用户可以根据实际需要进行选择。

 任务实施

1．为照片添加入场动画

为照片添加入场动画

入场动画通常应用于画面的开始位置。下面将导入手机相册中的照片，并对其进行基础剪辑，再添加"向左滑动"的入场动画，具体操作如下。

❶ 打开剪映，点击"开始创作"按钮，在"最近项目"列表中依次添加要编辑的照片（素材参见：素材文件\项目三\1.jpg、2.jpg、3.jpg、4.jpg）。

❷ 打开编辑界面，点击底部工具菜单栏中的"比例"按钮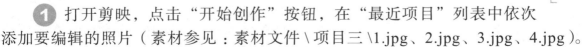，如图3-32所示。

❸ 在打开的"比例"选项栏中选择"9∶16"选项，如图3-33所示。

④ 返回工具菜单栏，点击其中的"背景"按钮，如图 3-34 所示。

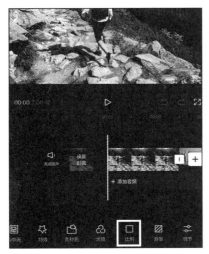

图3-32　点击"比例"按钮　　　　图3-33　选择"9∶16"选项　　　　图3-34　点击"背景"按钮

⑤ 在打开的"背景"选项栏中点击"画布模糊"按钮，如图 3-35 所示。

⑥ 打开"画布模糊"选项栏，选择第一个选项后，依次点击"全局应用"按钮和"确定"按钮，如图 3-36 所示。

⑦ 选中时间轴轨道中的第 1 张照片，点击底部工具菜单栏中的"动画"按钮，如图 3-37 所示。

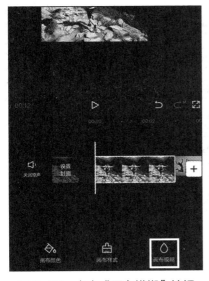

图3-35　点击"画布模糊"按钮　　　图3-36　选择要应用的画布　　　图3-37　点击"动画"按钮

⑧ 在打开的"动画"选项栏中点击"入场动画"按钮，如图 3-38 所示。

⑨ 打开"入场动画"选项栏，选择"向左滑动"动画，并拖动滑块将动画时长调整为"3s"，最后点击"确定"按钮，如图 3-39 所示。

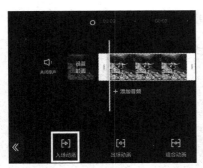

图3-38　点击"入场动画"按钮

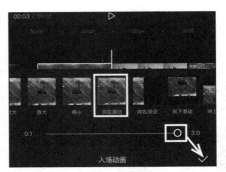

图3-39　添加入场动画

2. 为照片添加出场动画

出场动画通常应用于画面的结尾处。下面对最后一张照片添加"旋转"效果的出场动画，具体操作如下。

❶ 在时间轴轨道中选中最后一张照片，点击底部工具菜单栏中的"动画"按钮▣，如图 3-40 所示。

❷ 在打开的"动画"选项栏中点击"出场动画"按钮▣，如图 3-41 所示。

❸ 打开"出场动画"选项栏，选择"旋转"动画，并将动画时长调整为"3s"，最后点击"确定"按钮✔，如图 3-42 所示。

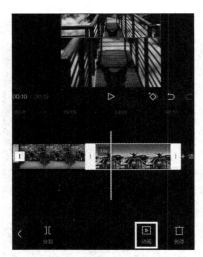

图3-40　点击"动画"按钮

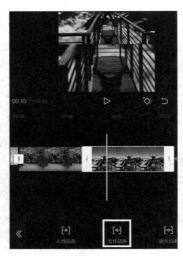

图3-41　点击"出场动画"按钮

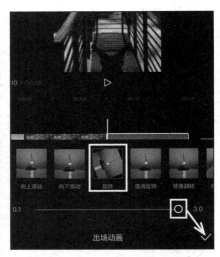

图3-42　添加出场动画

❹ 将时间线移至画面的起始位置，在未选中照片的状态下，点击底部工具菜单栏中的"画中画"按钮▣，如图 3-43 所示。

❺ 在打开的"画中画"选项栏中点击"新增画中画"按钮➕，如图 3-44 所示。

❻ 在打开的"最近项目"列表中添加素材（素材参见：素材文件＼项目三＼文字素材.mp4），适当放大画中画素材，然后点击底部工具菜单栏中的"混合模式"按钮▣，在打开的"混合模式"选项栏中选择"滤色"模式后，点击"确定"按钮✔，如图 3-45

所示。

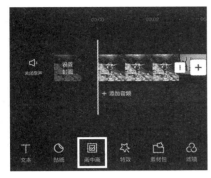
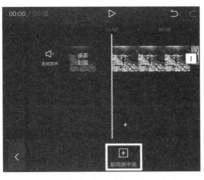
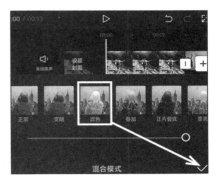

图3-43　点击"画中画"按钮　　　图3-44　点击"新增画中画"按钮　　　图3-45　选择混合模式

3. 为照片添加组合动画

为了让照片真正动起来，下面将为时间轴轨道中的第 2 张和第 3 张照片添加组合动画，具体操作如下。

微课视频

为照片添加组合动画

1　选中时间轴轨道中的第 2 张照片，点击底部工具菜单栏中的"动画"按钮 ，如图 3-46 所示。

2　打开"动画"选项栏，点击"组合动画"按钮 ，如图 3-47 所示。

3　在打开的"组合动画"选项栏中选择"波动滑出"动画，并将动画时长调整为"3s"，最后点击"确定"按钮 ，如图 3-48 所示。

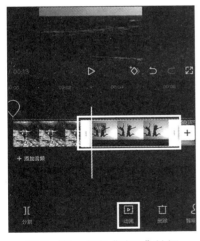
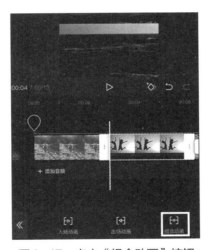
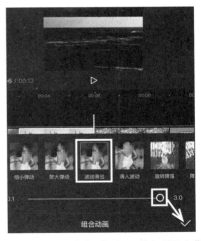

图3-46　点击"动画"按钮　　　图3-47　点击"组合动画"按钮　　　图3-48　添加组合动画"波动滑出"

4　使用相同的操作方法为第 3 张照片添加"旋转降落"效果的组合动画，如图 3-49 所示。

5　将时间线移至素材的起始位置，依次点击"音频"按钮 和"音乐"按钮 ，为相册添加音乐，如图 3-50 所示。最后，点击界面右上角的"导出"按钮，如图 3-51 所示，导出电子相册（效果参见：效果文件\项目三\电子相册 .mp4）。

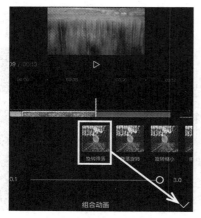

图3-49 添加组合动画"旋转降落"　　图3-50 添加音乐　　图3-51 导出电子相册

任务三　为短视频添加转场效果

短视频由若干个镜头序列组合而成，每个镜头序列都具有相对独立和完整的内容。在不同的镜头序列和场景之间的过渡或衔接内容就叫作转场，有了转场才可以使一个场景平缓地过渡到下一个场景，从而保证整个短视频节奏的流畅性。

任务目标

最近，老洪发现米拉剪辑后的短视频画面会产生突兀的跳动感，看起来不太流畅，于是让她重新剪辑。老洪告诉米拉，短视频的整体剪辑思路没有问题，主要问题是画面与画面之间的过渡不自然，此时需要利用剪映中的"转场"功能来解决该问题。听完老洪的建议，米拉开始重新剪辑短视频，完成后的最终效果如图3-52所示。

微课视频

效果预览

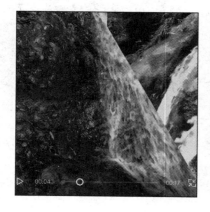

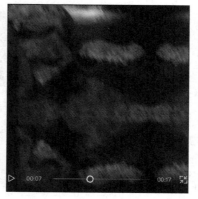

图3-52 为视频添加转场效果

相关知识

在剪辑短视频时，利用转场效果可以有序地推进短视频内容，让镜头与镜头之间衔接得更加流畅。恰当的转场效果不仅能够流畅地衔接画面，还能带动观看者的情绪。下面将介绍转场方法、不同转场的应用场景、基础转场的使用这3个方面的内容。

1. 转场方法

转场的方法有很多，通常可以分为技巧转场和无技巧转场两种。

（1）技巧转场

技巧转场是指用一些光学技巧制作出时间流逝或地点变换的效果。随着影像技术的高速发展，理论上技巧转场的手法可以有无数种，在短视频剪辑中比较常用的技巧转场方法有运镜转场、特效转场、幻灯片、遮罩转场4种。

● **运镜转场**。运镜转场类别中包含推近、拉远、向上、向下、色差顺时针旋转、色差逆时针旋转等不同转场效果。这一类转场效果在转场过程中会产生回弹感和运动模糊效果。图3-53所示为应用运镜转场中的"色差顺时针旋转"的效果。

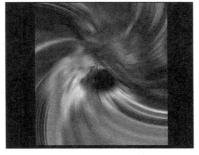

图3-53　运镜转场应用效果

● **特效转场**。特效转场类别中包含光束、分割、向左拉伸、粒子、雪花故障、漩涡等效果，此类转场效果主要是通过光斑、射线、火焰、烟雾等炫酷的视频效果来实现镜头与镜头之间的切换。图3-54所示为运用特效转场中的"光束"的效果。

图3-54　特效转场应用效果

● **幻灯片**。幻灯片类别中包含翻页、回忆、立方体、倒影、百叶窗、风车等效果，此类转场效果主要是通过一些简单的画面运动，或以线条、圆、三角形等几何图形来实现两个画面的切换。图3-55所示为运用幻灯片中的"风车"的效果。

图3-55　幻灯片应用效果

● **遮罩转场**。遮罩转场类别中包含云朵、星星、爱心、水墨、撕纸、画笔擦除等效果，此类转场效果主要是通过不同的图形遮罩来实现画面之间的切换。图3-56所示为运用遮罩转场中的"爱心"的效果。

图3-56　遮罩转场应用效果

（2）无技巧转场

无技巧转场通常带有较强的主观色彩，容易产生停顿和割裂短视频的内容情节，所以在短视频剪辑中较少使用。无技巧转场通常以前后短视频画面在内容或意义上的相似性来转换时空和场景，主要有以下5种类型。

● **空镜头转场**。空镜头是指一些没有人物的镜头，主要用于表现人物情绪、渲染气氛。空镜头转场是指将空镜头作为两个场景之间的过渡镜头，例如，影视剧中的英雄人物壮烈牺牲后，下一个画面通常为高山大海的空镜头，其目的是让情绪发展到高潮之后有所停顿，留下回味的空间。

● **特写转场**。特写转场是指无论上一场戏的最后一个镜头是何种景别，下一场戏的第一个镜头都用特写景别。特写转场用于强调场面的转换，常常会带来自然、融洽、不跳跃的视觉效果。

● **遮挡镜头转场**。遮挡镜头转场是指在上一个镜头接近结束时，摄影设备与拍摄对象接近以至整个视频画面黑屏，下一个镜头拍摄对象又移出视频画面，实现场景或段落的转换。两个镜头的拍摄对象可以相同，也可以不同。这种转场方式能带来强烈的视觉冲击和视觉悬念。

● **利用声音的相似性转场**。利用声音的相似性转场是指借助前后画面中对白、音响、音乐等声音元素的相同或相似性来进行组接。例如，男主角抱起晕倒的女主角向外奔跑，然后救护车的鸣叫声响起，下一个镜头女主角已经躺在医院病床上，这种转场方式通过声音的延伸将观众的情绪也连贯地延伸到下一个情节中。

● **利用心理内容的相似性转场**。利用心理内容的相似性转场是指前后画面组接的依据是由观众联想而产生的相似性。例如，女主角非常思念自己的男友，自言自语道："他现在在干什么呢？"下一个镜头就切换到男友正拿着手机给女主角发信息的画面。

2. 不同转场方法的应用场景

在剪映中，技巧转场方法除了上述 4 种外，还包含基础转场、综艺转场和 MG 转场，不同转场方法其应用场景也有所不同。一般情况下，唯美、抒情、安静风格的短视频可应用运镜转场或幻灯片；有节奏感的运动、Vlog、产品等类型的短视频可应用特效转场或 MG 转场；知识分享、课程、口播等短视频可应用基础转场或遮罩转场。

3. 基础转场的使用

基础转场中包括翻篇、叠化、泛白、模糊、叠加等转场效果，此类转场效果主要是通过平缓的叠化和推移运动来实现两个画面之间的切换。在剪映中为不同画面添加基础转场的方法很简单，首先导入要剪辑的素材，然后在未选中素材的状态下，点击素材之间的白色小方块⬜，打开"转场"选项栏，点击所需的基础转场效果，如图 3-57 所示，最后点击"确定"按钮，此时素材之间白色小方块中的竖线▍将变为蝴蝶结⋈状态。

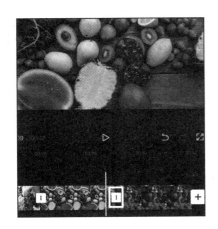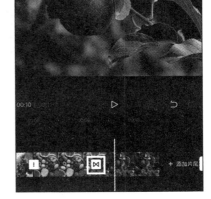

图3-57 基础转场的使用

在选择转场效果后，拖动效果下方的"转场时长"滑块可以调整转场效果的时长，转场效果的时长范围为0.1~2.9s，时间越长，转场动画越慢。

知识补充

任务实施

微课视频

使用运镜转场效果

1. 使用运镜转场效果

为了让画面在切换过程中产生运动模糊效果。下面将在第二段和第三段素材之间添加运镜转场中的"向右下"效果，具体操作如下。

❶ 打开剪映，点击"开始创作"按钮后，将素材（素材参见：素材文件\项目三\素材1.mp4、素材2.mp4、素材3.mp4、素材4.mp4）按序号依次添加到编辑界面中。

❷ 在未选中素材的状态下，点击工具菜单栏中的"滤镜"按钮❀，如图3-58所示。

❸ 在打开的"滤镜"选项栏中选择"高清"选项卡中的"原生"滤镜，点击"确定"按钮✔，如图3-59所示。

❹ 返回编辑界面，按住滤镜轨道右侧的图标▯，向右拖动至"16s"处，如图3-60所示。

图3-58　点击"滤镜"按钮

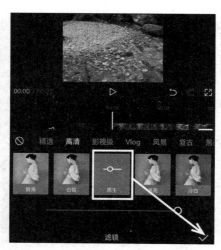
图3-59　选择"原生"滤镜

图3-60　调节滤镜持续时长

❺ 选中第一段素材后，点击工具菜单栏中的"动画"按钮▣，如图3-61所示。

❻ 在打开的"动画"工具菜单栏中点击"入场动画"按钮⯈，如图3-62所示。

❼ 打开"入场动画"选项栏，选择"渐显"动画，并将"动画时长"设置为"1.5s"，点击"确定"按钮✔，如图3-63所示。

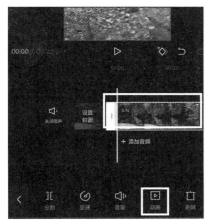

图3-61 点击"动画"按钮

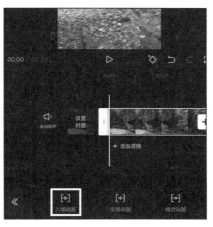

图3-62 点击"入场动画"按钮

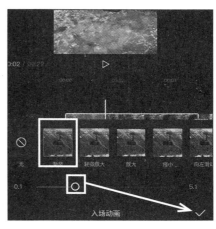

图3-63 添加"渐显"动画

⑧ 点击第二段和第三段素材之间的白色小方块▯，如图3-64所示。

⑨ 打开"转场"选项栏，选择"运镜转场"选项卡中的"向右下"转场效果，并拖动"转场时长"滑块至"2.3s"处，如图3-65所示，然后点击"确定"按钮✓。

⑩ 此时，时间轴轨道上的白色小方块中的竖线▮将变为蝴蝶结⋈状态，如图3-66所示。

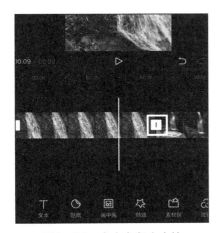

图3-64 点击白色小方块

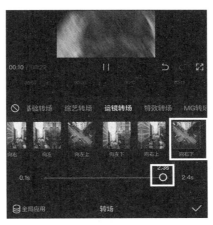

图3-65 添加运镜转场效果

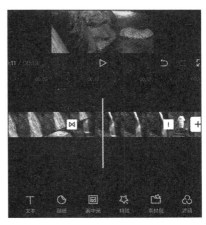

图3-66 查看添加的运镜转场效果

2. 使用幻灯片效果

为了使不同画面之间的衔接更加自然和流畅，下面将在第一段和第二段素材之间添加幻灯片中的"图形扫描"转场效果，具体操作如下。

① 在未选中素材的状态下，点击第一段和第二段素材之间的白色小方块▯，如图3-67所示。

② 打开"转场"选项栏，选择"幻灯片"选项卡中的"图形扫描"转场效果，并拖动"转场时长"滑块至"2.5s"处，如图3-68所示，然后点击"确定"按钮✓。

③ 选中第一个素材，拖动该素材右侧的▯图标，将素材时长调整为"4s"，如图3-69所示。

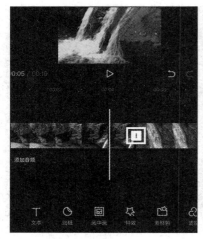

图3-67　点击白色小方块（1）

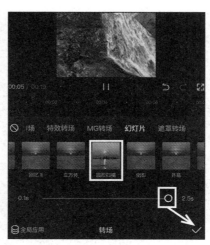

图3-68　添加幻灯片转场效果

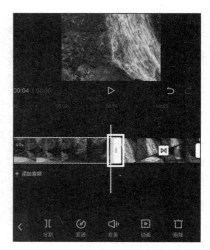

图3-69　调整视频时长

3. 使用遮罩转场效果

由于最后两段短视频画面的内容意义差别较大，因此在切换时一般会应用遮罩转场效果。下面将为第三段和第四段素材添加遮罩转场中的"水墨"转场效果，具体操作如下。

① 在未选中素材的状态下，点击第三段和第四段素材之间的白色小方块，如图3-70所示。

② 打开"转场"选项栏，选择"遮罩转场"选项卡中的"水墨"转场效果，并拖动"转场时长"滑块至"2.4s"处，如图3-71所示，然后点击"确定"按钮。

③ 选中第四段素材，点击底部工具菜单栏中的"变速"按钮，如图3-72所示。

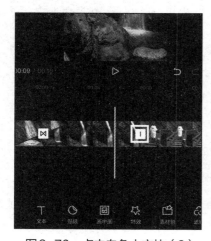

图3-70　点击白色小方块（2）

图3-71　添加遮罩转场效果

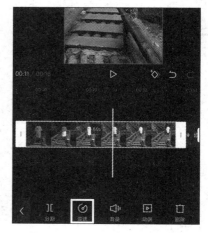

图3-72　点击"变速"按钮

④ 打开"变速"工具菜单栏，点击其中的"常规变速"按钮，如图3-73所示。

⑤ 在打开的"常规变速"选项栏中拖动"变速时长"滑块至"0.8×"处，如图3-74所示，然后点击"确定"按钮。

❻ 将时间线移至短视频的起始位置，在未选中素材的状态下，点击底部工具菜单栏中的"音频"按钮🎵，如图 3-75 所示。

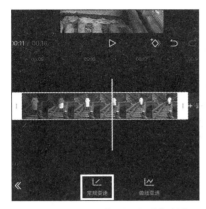

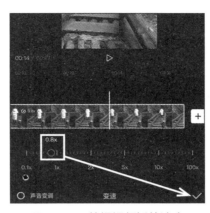

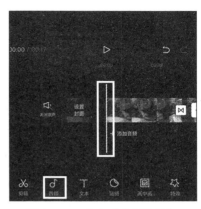

图 3-73　点击"常规变速"按钮　　　　图 3-74　放慢视频播放速度　　　　图 3-75　点击"音频"按钮

❼ 打开"音频"工具菜单栏，点击"抖音收藏"按钮🎵，如图 3-76 所示。

❽ 在打开的"添加音乐"界面中选择所需音乐后点击"使用"按钮，返回编辑界面，点击"播放"按钮▶，查看剪辑后的效果，如图 3-77 所示。

❾ 确认无误后，点击"导出"按钮，此时，界面中将显示导出进度，如图 3-78 所示，稍作等待后，剪映将成功导出视频文件（效果参见：效果文件＼项目三＼转场效果的使用 .mp4）。

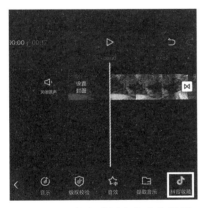

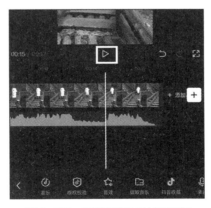

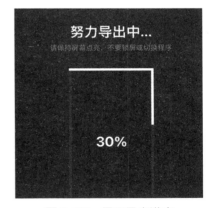

图 3-76　点击"抖音收藏"按钮　　　　图 3-77　播放剪辑后的短视频　　　　图 3-78　显示导出进度

实训一　制作动感照片短视频

【实训要求】

让画面在视觉上产生动感的表现技巧就是"动"与"静"的结合，下面将通过剪辑使静止的照片看起来具有动态的效果。本实训将重点练习添加滤镜、调色和添加转场效果的操作方法。

微课视频

实训一

【实训思路】

　　本实训将使用几张照片来制作。先在剪映中导入要剪辑的素材，然后开始编辑素材，包括裁剪比例、添加滤镜、调色、添加转场效果等。操作思路如图3-79所示。

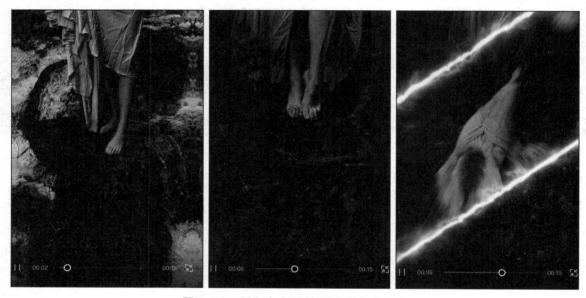

图3-79　制作动感照片短视频的操作思路

【步骤提示】

　　❶　打开剪映，在主界面中点击"开始创作"按钮后，依次添加要剪辑的照片至编辑界面中（素材参见：素材文件 \ 项目三 \ 森林 1.jpg、森林 2.jpg、森林 3.jpg）。

　　❷　将导入素材的比例设置为"9 : 16"，然后为素材添加画布模糊效果，并依次调整素材时长为"4.6s""5.6s""5.9s"。

　　❸　选中第一段素材后，点击"滤镜"按钮⬡，然后点击"新增滤镜"按钮⬡，为其添加"黑白"栏中的"黑金"滤镜，并拖动下方滑块，将其参数值设置为"70"。用相同的操作方法为第二段素材添加"复古"栏中的"比佛利"滤镜，并设置其参数值为"100"；为第三段素材添加"胶片"栏中的"KU4"滤镜，并设置其参数值为"100"。

　　❹　选中第一段素材，点击"动画"按钮▣，然后点击"组合动画"按钮▣，在打开的"组合动画"选项栏中为其添加"缩小弹动"动画，设置其持续时长为"4s"；用相同的操作方法为第二段素材添加"向右滑动"入场动画，设置其持续时长为"4s"；为第三段素材添加"动感放大"入场动画，设置其持续时长为"4s"。

　　❺　点击时间轴轨道上第一段素材与第二段素材之间的白色小方块▯，在打开的"转场"选项栏中选择"基础转场"中的"泛白"转场效果，设置其持续时长为"1.2s"；用相同的操作方法为另一个白色小方块▯添加"特效转场"中的"光束"转场效果，设置其持续时长为"1s"。

⑥ 返回编辑界面，点击"音频"按钮 ♬，为剪辑后的短视频添加合适的音乐，最后导出短视频（效果参见：效果文件＼项目三＼动感照片 .mp4）。

实训二　制作四季变换短视频

【实训要求】

使用剪映中的"调节"和"滤镜"功能制作一段四季变换的风景短视频，从而进一步熟悉使用剪映丰富和美化短视频界面的相关操作方法。

【实训思路】

本实训将运用"分割""变速""滤镜""调节"等相关功能进行短视频的制作。打开剪映后，将要剪辑的短视频素材添加到操作面板中，并进行分割和变速处理，然后添加风景、Vlog、黑白等滤镜效果，并分别调节不同的短视频画面参数，最后添加音频、导出短视频，操作思路如图 3-80 所示。

微课视频

实训二

图3-80　制作四季变换短视频的操作思路

【步骤提示】

① 打开剪映，添加"公路 .mp4"视频素材（素材参见：素材文件＼项目三＼公路 .mp4），将时间线移至素材第 2s 处，点击底部工具菜单栏中的"分割"按钮 Ⅱ，将视频分割为两段，继续在第 5s 处和第 8s 处分割素材。

❷ 分别调整分割后的 4 段视频素材，第一段至第四段素材的时长分别为"4.0s""4.1s""4.6s""1.6s"，然后点击"变速"按钮 ⟲，将最后一段素材的"速度"设置为"0.5×"。

❸ 选中第一段视频素材后，点击底部工具菜单栏中的"滤镜"按钮 ❀，打开"滤镜"工具菜单栏，点击"新增滤镜"按钮 ❀，选择"风景"选项卡中的"春日序"滤镜，然后点击"确定"按钮 ✔。返回编辑界面后，点击"调节"按钮 ❖，分别调节"对比度"为"23"，"饱和度"为"17"，"光感"为"25"，最后点击"确定"按钮 ✔。

❹ 按照相同的操作方法，为第二段视频素材添加"Vlog"中的"夏日风吟"滤镜效果，并调节"对比度"为"42"，"饱和度"为"20"，"光感"为"16"，"色温"为"-47"，"色调"为"-29"，"褪色"为"44"；为第三段视频素材添加"精选"中的"青橙"滤镜效果，并调节"光感"为"14"，"高光"为"-25"，"阴影"为"42"，"色温"为"50"；为最后一段视频素材添加"黑白"中的"赫本"滤镜效果，并调节"色调"为"-24"，"色温"为"21"，"阴影"为"40"，"暗角"为"33"。

❺ 点击时间轴轨道中的白色小方块 ⊡，在视频素材之间添加"基础转场"中的"渐变擦除"转场效果，然后点击"全局应用"按钮 ▤。

❻ 为短视频添加合适的背景音乐后，以 1080P 分辨率导出短视频文件（效果参见：效果文件\项目三\四季变换 .mp4）。

⏱ 课后练习

练习1：为照片调色

在剪映主界面点击"开始创作"按钮，添加照片到时间轴轨道中（素材参见：素材文件\项目三\照片调色 .jpg），点击底部工具菜单栏中的"滤镜"按钮 ❀，在打开的"滤镜"工具菜单栏中点击"新增滤镜"按钮 ❀，再点击"影视级"栏中的"高饱和"按钮，然后点击"确定"按钮 ✔。返回编辑界面后，点击"调节"按钮 ❖，将"光感"设置为"-11"，"阴影"设置为"20"，"色调"设置为"20"，"色温"设置为"-7"。最后为照片添加"分身"效果的组合动画，并导出照片，效果如图 3-81 所示（效果参见：效果文件\项目三\为照片调色 .mp4）。

知识补充

在剪映中，可以为同一画面添加多重滤镜，即在使用一次滤镜后，如果发现效果不太理想，可以对已添加滤镜的画面重复使用相同或其他滤镜来进一步美化画面，其方法为：在未选中任何素材的状态下，点击"滤镜"按钮 ❀，在打开的"滤镜"工具菜单栏中点击"新增滤镜"按钮 ❀，打开"滤镜"选项栏，选择任意一个滤镜可进一步美化画面。

图3-81 为照片调色后的效果

练习2:制作生活情景类短视频

尝试使用剪映剪辑手机中保存的生活情景类视频素材,涉及的剪辑操作包括导入手机中保存的素材、调整素材比例、添加"高饱和"滤镜,以及添加"闪白""眨眼""叠加"转场效果等,效果如图 3-82 所示(效果参见:效果文件\项目三\生活情景类短视频 .mp4)。

图3-82 生活情景类短视频效果

技能提升

1. 剪映中的常用调色参数

如果不知道如何对视频画面进行调色,可以借助以下 3 种调色参数来快速完成调色操作。

● **青橙色**。首先为视频素材添加"春光乍泄"滤镜，然后点击"调节"按钮，分别设置"亮度"为"-5"，"对比度"为"10"，"饱和度"为"-5"，"高光"为"75"，"色温"为"20"，"色调"为"-10"。

● **高级灰**。首先为视频素材添加"德古拉"滤镜，然后点击"调节"按钮，分别设置"亮度"为"-9"，"对比度"为"11"，"光感"为"-14"，"锐化"为"20"。

● **复古色**。首先为视频素材添加"VHS Ⅱ"滤镜，然后点击"调节"按钮，分别设置"色调"为"16"，"对比度"为"-13"，"光感"为"4"，"锐化"为"20"。

2. 剪映中的"魔法换天"技巧

当需要为某一段画面更换天空样式时，可使用剪映中的"抖音玩法"功能，快速实现换天效果。首先在剪映中添加要剪辑的素材文件，选中添加的素材后，点击底部工具菜单栏中的"抖音玩法"按钮，在打开的"抖音玩法"选项栏中选择"魔法换天Ⅰ"或"魔法换天Ⅱ"选项，最后点击"确定"按钮可快速换天，如图3-83所示。

图3-83　"魔法换天Ⅱ"的效果

项目四
专属配乐——添加音频

情景导入

老洪：米拉，你在剪辑短视频时，有时会忽略短视频中两个非常重要的元素，即音效和背景音乐，尤其是背景音乐感觉像是生搬硬套的，不贴合短视频内容。

米拉：老洪，那背景音乐的添加有什么方法呢？

老洪：其实，为短视频添加背景音乐及音效没有特定的模式，但可以从3个方面着手，第一，根据短视频内容配乐；第二，根据短视频节点配乐；第三，无法决策时，选择轻音乐。按照以上方法配乐后的短视频效果一般都不会很差。

米拉：我现在就按照你教我的方法为年味短视频添加背景音乐并制作"卡点"短视频，希望这次的配乐效果能为短视频加分。

学习目标

○ 掌握声音的采集与导入方法
○ 掌握处理音频的相关操作
○ 了解常见的"卡点"技巧
○ 熟悉"自动踩点"与手动"踩点"的操作方法
○ 熟悉变声与变速处理的相关操作

技能目标

○ 能够剪辑出音乐节奏与画面节奏相匹配的短视频
○ 能够通过配音打造更精彩的短视频

任务一 为年味短视频添加背景音乐

短视频中各式各样的声音瞬间就能把观看者拉进短视频的世界，由此可见，声音在短视频中的重要性不低于视频内容本身。要想使普通的短视频更加打动人心，可以为短视频搭配合适的背景音乐，以便于带动观看者的情绪，从而达到短视频的引流目的。

 **任务目标**

经过老洪的点拨之后，米拉对短视频音乐的选择有了更深入的认识。现在，米拉要剪辑一个关于过年的短视频，讲述一家人团聚的温情故事，营造开心、欢乐的气氛。因此，在明确短视频内容之后，米拉选择了与短视频内容相对应的背景音乐，效果如图 4-1 所示。通过本任务，米拉掌握了为短视频配乐的相关操作，包括背景音乐的添加、分割、淡入与淡出等。

微课视频
效果预览

图4-1 为年味短视频添加背景音乐

相关知识

1. 声音的采集

了解短视频的情感基调和画面节奏后，便可以根据这些信息采集需要的声音。声音的采集可通过以下两种方式实现。

● **网站搜集**。网站搜集是指在互联网上通过各种资源网站，搜索需要的音频资源并进行下载。目前，较为权威的音乐门户网站有虾米音乐、QQ 音乐、网易云音乐等。这些门户网站具有品类全、内容丰富、搜索方便等特点，采集音频资源时可先试听后下载，但需要注意版权问题，有些音乐需要会员或付费才能下载，而且下载后的音乐也并非全都可以商用，需自觉购买商用版权，避免出现侵权行为。另外，一些辅助音效和视频资源，如喇叭音、敲打声、雨滴声等音效，也可以在音视频资源网站中直接获取，如熊猫办公、觅知网、包图网等网站，图4-2所示为熊猫办公网站的音效资源页面，在该网站中还可以下载图像和视频资源。

图4-2 熊猫办公网站的音效资源页面

● **录音**。录音也是获取音频的一种方式。现在，智能手机均有录音功能，网上也有各种各样的免费应用程序，可以为用户提供更多的特色录音功能。以使用iPhone录音的方法为例，首先解锁手机屏幕，然后打开"语音备忘录"应用程序，点击界面中显示的"开始"按钮⬤，进入录音模式，让iPhone的底部对准声音的来源，待录音完成后，点击"停止"按钮⬛，完成录音操作，并且"所有录音"界面中将显示对应的录音内容，如图4-3所示。

图4-3 使用iPhone录音的过程

知识补充

用户可将录制好的音频导入剪映使用，以iPhone为例，具体方法为：在剪映中打开剪辑的素材文件，然后切换至"语音备忘录"应用程序，在"所有录音"界面中点击"展开"按钮…，在打开的列表中点击"分享"按钮⬆，再在打开的子列表中点击"剪映"按钮，最后在弹出的提示框中点击"将音频导入到剪映"按钮，就可以将录制好的音频添加到剪映中。

2．导入音乐至剪映

在剪映中，用户可以自由调用音乐素材库中不同类型的音乐素材，如卡点、旅行、萌宠、轻快、舒缓等，并且剪映还支持用户将抖音收藏、本地音乐等中的音乐添加至剪映项目中。下面将对不同类型音乐的导入方法进行介绍。

● **在音乐库素材中选取音乐**。将素材文件导入编辑界面后，在时间轴轨道中，将时间线移至需要添加音频的时间点上。在未选中素材的状态下，点击"添加音频"按钮，或点击底部工具菜单栏中的"音频"按钮🎵，在打开的"音频"工具菜单栏中点击"音乐"按钮🎵，进入音乐素材库，如图4-4所示。在音乐库中点击任意一款音乐进行试听，试听后若感觉音乐可用，便可点击该音乐右侧的"使用"按钮，如图4-5所示，将音乐添加到项目中。

图4-4　音乐素材库

图4-5　试听后使用音乐

● **添加"抖音收藏"中的音乐**。作为一款与抖音相关联的短视频剪辑软件，剪映支持用户使用抖音中收藏的音乐，但在这之前，需要用户先通过抖音账号登录剪映，即在剪映与抖音之间建立连接。然后在剪映的编辑界面中点击底部工具菜单栏中的"音频"按钮🎵，在打开的"音频"工具菜单栏中点击"抖音收藏"按钮🎵，如图4-6所示。在打开的界面中，点击所需音乐对应的"使用"按钮，便可将其添加到项目中。

● **导入本地音乐**。在剪映的音乐素材库中点击"导入音乐"选项卡，在打开的选项栏中点击"本地音乐"按钮，可调用手机本地音乐，如图4-7所示。如果是iPhone用户，在剪映中使用本地音乐之前，需要先通过iTunes导入音乐并同步至手机。

图4-6　使用"抖音收藏"中的音乐

图4-7　导入本地音乐

● **通过链接导入音乐**。如果剪映音乐素材库中的音乐不能满足剪辑需求，用户可以尝试通过链接的形式导入抖音中的音乐，具体方法为：在抖音中打开音乐播放界面，点击右下角的"分享"按钮，在弹出的"分享到"界面中点击"复制链接"按钮，如图4-8所示；然后进入剪映音乐素材库，在"导入音乐"选项栏中点击"链接下载"按钮，在下方的文本框中粘贴复制的音乐链接，并点击右侧的"下载"按钮，如图4-9所示；等解析完成后，音乐将被导入剪映，如图4-10所示。

图4-8　点击"复制链接"按钮

图4-9　粘贴链接并下载音乐

图4-10　成功将音乐导入剪映

需要注意的是，目前剪映仅支持解析抖音中的音乐链接，无法解析其他平台分享的音乐链接。若要解析其他平台的音乐链接，可使用"导入音乐"选项卡中的"提取音乐"功能。

知识补充

● **提取视频音乐**。提取视频音乐的方法很简单，在未选中素材的状态下，点击底部工具菜单栏中的"音频"按钮 ♪。在打开的"音频"工具菜单栏中点击"提取音乐"按钮 ▣，如图4-11所示，然后在打开的"视频"界面中选中要提取音乐的视频素材，最后点击"仅导入视频的声音"按钮，便可返回编辑界面，并在时间轴轨道中显示提取的音频，如图4-12所示。

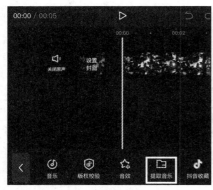
图4-11　点击"提取音乐"按钮

图4-12　提取视频音乐至剪映中

职业素养　　对于想要依靠短视频作品来营利的创作者来说，在使用其他平台的音乐或视频时，应先与平台或音视频创作者进行协商，取得同意后方可使用，避免侵权行为。

3．处理音频

不管是从何处取得的音频素材，都需要经过简单的剪辑和加工处理后，才能更符合视频剪辑的要求。剪映为用户提供了完备的音频处理功能，包括音频淡化处理、音量调节、音频分割与删除、降噪处理及添加音效等。

（1）音频淡化处理

对于一些没有前奏和尾场的音频素材，在其前后添加淡化效果，可以使音频之间的过渡更加自然、柔和。音频淡化处理的方法为：在时间轴轨道中选中音频素材，点击底部工具菜单栏中的"淡化"按钮 ▦，在打开的"淡化"选项栏中可以自行设置音频的淡入时长和淡出时长，如图4-13所示。

（2）音量调节

在剪辑短视频的过程中，可能会出现音量过大或过小的情况，此时，可以通过"音量"按钮 ◀ 调节音频素材的音量。音量调节方法为：在时间轴轨道中选中音频素材后，点击底部工具菜单栏中的"音量"按钮 ◀，在打开的"音量"选项栏中通过左右拖动滑块来调节素材的音量，如图4-14所示。

（3）音频分割与删除

在剪映中添加音频素材后，如果发现素材过长，可以将素材分割为多段，然后将多余的素材删除。

● **分割音频素材**。在时间轴轨道中选中音频素材，然后将时间线定位至需要分割的时间点，点击底部工具菜单栏中的"分割"按钮，此时，音频将一分为二，如图4-15所示。

● **删除音频素材**。在时间轴轨道中选中要删除的音频素材后，点击底部工具菜单栏中的"删除"按钮可以删除多余的音频素材。

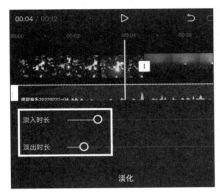

图4-13 对音频进行淡化处理

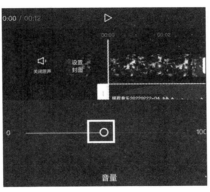

图4-14 自由调节音量

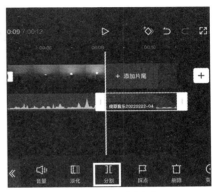

图4-15 分割音频

（4）降噪处理

由于环境因素的影响，在拍摄视频的过程中，可能会或多或少夹杂一些噪声，影响观看效果，此时，用户可以使用剪映提供的"降噪"功能来去除各类杂音，从而提升音频质量。对视频的原始音频进行降噪的方法为：在时间轴轨道中选中视频素材后，点击底部工具菜单栏中的"降噪"按钮，点击"降噪开关"按钮，开启"降噪"功能，如图4-16所示；完成降噪处理后，点击"确定"按钮，保存降噪操作。

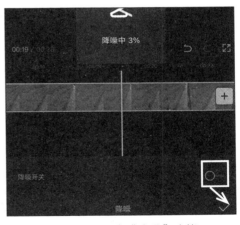

图4-16 开启"降噪"功能

（5）添加音效

音效是由声音创造出来的效果，它具有增强画面真实感、烘托气氛等作用。用户在剪辑短视频时，可以针对不同的场景添加不同的音效，这样更能突出短视频想要表达的效果。剪映提供了10多种不同类型的音效，用户可根据实际需求选择。

为视频添加音效的方法为：在时间轴轨道中将时间线定位至需要添加音效的时间点上，在未选中素材的状态下点击底部工具菜单栏中的"音频"按钮，然后在"音频"工具菜单栏中点击"音效"按钮，打开图4-17所示的"音效"列表，其提供了综艺、笑声、机械、人声等不同类型的音效，点击任意一种音效后，再点击"使用"按钮，将音效添加到视频中，如图 4-18 所示。

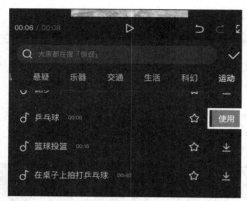

图4-17　"音效"列表

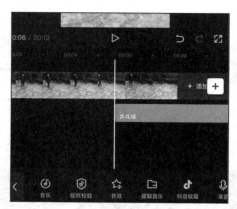

图4-18　添加音效后的效果

 任务实施

1. 为短视频添加美食音乐

为了体现出过年时热闹、团聚的气氛，下面将为短视频添加节奏欢快且令人愉悦的音频，具体操作如下。

❶ 打开剪映，点击"开始创作"按钮后，导入需编辑的视频（素材参见：素材文件\项目四\你好，新年.mp4）。

❷ 在未选中素材的状态下，点击底部工具菜单栏中的"音频"按钮 🎵，如图 4-19 所示。

❸ 在打开的"音频"工具菜单栏中点击"音乐"按钮 🎵，如图 4-20 所示。进入音乐库，选择左上角的"美食"选项，如图 4-21 所示。

图4-19　点击"音频"按钮

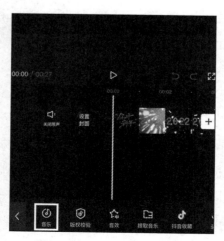

图4-20　点击"音乐"按钮

图4-21　选择"美食"选项

④ 在打开的"美食"音乐列表中，点击第二首音乐进行试听，确认要使用该音乐后，点击右侧的"使用"按钮，如图 4-22 所示。

⑤ 返回编辑界面，此时所选音乐将添加到短视频中，如图 4-23 所示。

图4-22 试听后使用所选音乐

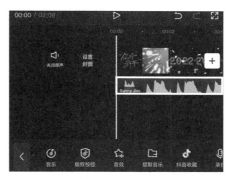

图4-23 查看添加的音乐

知识补充

在音乐素材库的最顶端有一个搜索栏，通过该搜索栏，可以快速且准确地找到所需的音乐，具体方法为：在搜索栏中输入歌手、歌曲名称，或输入关键字，然后进行搜索，符合条件的信息将显示在素材库中。按照相同的操作方法，同样可以搜索音效。

2. 分割与删除音频

由于添加的音频长度超过了视频时长，所以需要对音频进行分割和删除处理。下面将在视频末尾对音频进行分割，并删除后半段音频，具体操作如下。

微课视频

分割与删除音频

① 选中需要分割的音频素材，将时间线定位至音频第 27s 处，点击底部工具菜单栏中的"分割"按钮， 如图 4-24 所示。

② 此时，音频被分为两部分，选中后半段音频后，点击底部工具菜单栏中的"删除"按钮 将其删除，效果如图 4-25 所示。

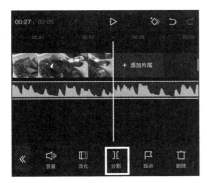

图4-24 点击"分割"按钮

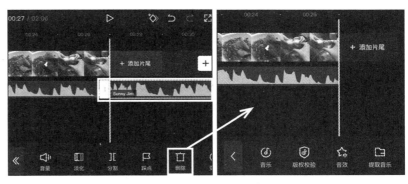

图4-25 删除后半段音频

3．对音频进行淡化处理

微课视频

为了使背景音乐与视频素材相融合，不产生突兀感，下面为音乐素材添加淡入、淡出效果，具体操作如下。

对音频进行淡化处理

1 选中时间轴轨道中的音乐素材，点击底部工具菜单栏中的"淡化"按钮▥，如图4-26所示。

2 在打开的"淡化"选项栏中设置"淡入时长"为"1.0s"，"淡出时长"为"1.9s"，点击"确定"按钮☑，如图4-27所示。

3 返回编辑界面，此时音乐素材的前端和末端均显示了一个透明的圆弧，如图4-28所示，表示该音乐素材已进行了淡化处理。

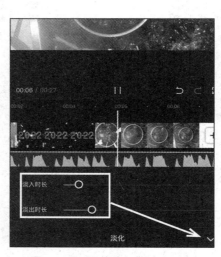
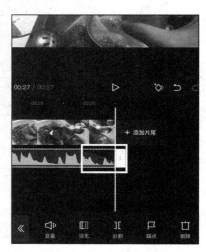

图4-26 点击"淡化"按钮   图4-27 调节淡入与淡出时长   图4-28 查看淡化效果

4．添加美食音效

微课视频

对不同的短视频添加不同类别的音效，可以使短视频更加生动、有趣。下面将在火锅沸腾时添加沸腾的音效，具体操作如下。

添加美食音效

1 在未选中素材的状态下，将时间线定位至视频第5s处，点击底部工具菜单栏中的"音频"按钮♪，在打开的"音频"工具菜单栏中点击"音效"按钮✿。

2 在打开的"音效"列表中点击"美食"选项卡，点击第二个音效，若试听后确认使用，则点击右侧的"使用"按钮，如图4-29所示。

3 返回编辑界面，选中添加的音效素材后，将时间线定位至视频第9s第15帧处，点击底部工具菜单栏中的"分割"按钮Ⅱ，如图4-30所示。

4 选中分割后的后半段音效素材，点击底部工具菜单栏中的"删除"按钮▥，如图4-31所示。

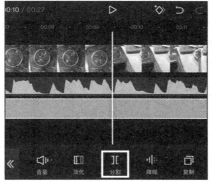

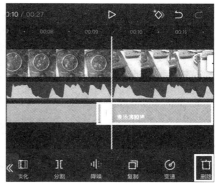

图4-29 使用美食音效　　　　图4-30 点击"分割"按钮　　　　图4-31 删除多余的音效

5 选中音效素材后，点击底部工具菜单栏中的"音量"按钮🔊，如图 4-32 所示。

6 打开"音量"选项栏，向右拖动滑块至"330"，增加音量，如图 4-33 所示，点击"确定"按钮✓。

7 点击底部工具菜单栏中的"淡化"按钮▊，在打开的"淡化"选项栏中设置"淡出时长"为"2s"，点击"确定"按钮✓，如图 4-34 所示。

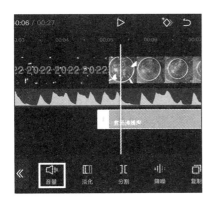

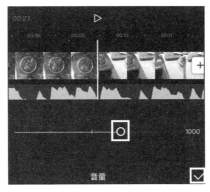

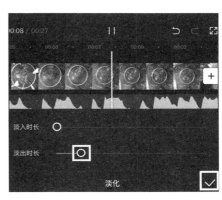

图4-32 点击"音量"按钮　　　　图4-33 增加音量　　　　图4-34 调节音效的淡出时长

知识补充　　在剪映中可以实现静音效果，具体方法为：选中音频素材，点击底部工具菜单栏中的"音量"按钮🔊，在打开的"音量"选项栏中向左拖动滑块，使音量值变为"0"；也可以在时间轴轨道中点击"关闭原声"按钮🔊。

8 在未选中素材的状态下，将时间线定位到视频第 5s 第 15 帧处，点击"返回"按钮◁，返回工具菜单栏，并点击其中的"滤镜"按钮，如图 4-35 所示。

9 在打开的"滤镜"选项栏中选择"美食"选项卡中的"可口"滤镜，点击"确定"按钮✓，如图 4-36 所示。

10 拖动滤镜素材，使其时长与视频素材时长一致，如图 4-37 所示，点击右上角的"导出"按钮，导出短视频（效果参见：效果文件\项目四\你好，新年.mp4）。

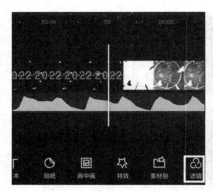

图4-35　点击"滤镜"按钮

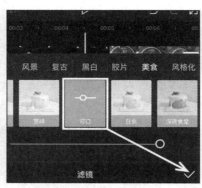

图4-36　选择滤镜

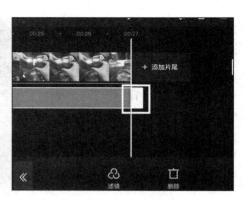

图4-37　调节滤镜时长

任务二　制作"卡点"短视频

"卡点"短视频是当今短视频平台上比较热门的类型，用户通过后期处理，可以让视频画面的每一次转换与音乐鼓点匹配，从而使整个短视频更加有节奏感。剪映为此推出了"踩点"功能，该功能不仅支持用户手动设置节奏点，还能帮助用户分析背景音乐，并自动生成节奏标记点。

 任务目标

在米拉掌握了配乐的方法后，老洪让她制作一段"卡点"短视频，要求音乐节奏合理。米拉认真观看视频素材后，从音乐素材库中选取了一段合适的背景音乐，然后采用"自动踩点"的方式来剪辑"卡点"短视频，完成后的最终效果如图 4-38 所示。

微课视频

效果预览

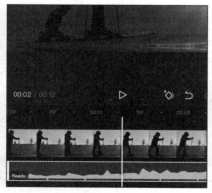

图4-38　"卡点"短视频最终效果

相关知识

"卡点"短视频一般可分为两类，即图片"卡点"和视频"卡点"。图片"卡点"是将多

张图片组合成一个短视频，让图片随音乐节奏进行切换；视频"卡点"则是视频跟随音乐变化，或是视频画面中的高潮情节与音乐的某个节奏点同步。为了制作出高质量的"卡点"短视频，用户还需要了解"卡点"技巧、"卡点"方法、变声与变速处理的相关方法。

1. "卡点"技巧

"卡点"是现在非常流行的剪辑手段，也是提升剪辑节奏的重要方法，那么，如何让视频或图片的切换恰好与音乐节奏同步呢？下面介绍5种"卡点"技巧供大家参考。

● **人物动作"卡点"**。人物动作"卡点"就是用人物的肢体动作来"卡点"，如走路、转身、击掌等，每一个肢体动作可以当作一个节拍；了解视频画面中的节拍后，就可以通过分析添加的背景音乐，并找到合适的节奏点来匹配视频画面的节拍，从而实现"卡点"效果。

● **颜色变化"卡点"**。颜色变化"卡点"是指利用视频画面中的某个变化来"卡点"，如利用视频画面颜色的不断切换；因为变化可以产生节奏，所以通过不同的变化可以找到与之相匹配的音乐节奏，从而实现"卡点"效果。

● **动作声响"卡点"**。动作声响"卡点"简单地说就是声音"卡点"，它是指通过短视频本身的声音来匹配音乐，如开枪发出的轰鸣声，此时，可以将轰鸣声与音乐的节奏点相匹配，从而实现"卡点"效果。另外，短视频中的一些特效声音也可当作节奏点来与背景音乐的节奏点相匹配。

● **运动镜头"卡点"**。运动镜头有推、拉、摇、移等多种方式，运动镜头"卡点"是指通过组接视频画面中的不同运动镜头来突出短视频的节奏感，并寻找与之相匹配的音乐节奏，从而实现运动镜头"卡点"效果。

● **特效转场"卡点"**。特效转场是指根据音乐的鼓点节奏来切换视频画面，并在视频画面之间添加转场特效。除此之外，还可以采用变速的方式转场，如在变速的同时匹配音乐的节奏点，同样可以实现转场"卡点"效果。

2. "自动踩点"

"自动踩点"功能是根据音乐的节拍和旋律，自动标记音乐节奏，通过这些标记，用户可以高效地剪辑出高质量的"卡点"短视频。使用剪映"自动踩点"功能的方法为：首先在剪映中添加合适的背景音乐；然后选中音乐素材，点击底部工具菜单栏中的"踩点"按钮█，打开"踩点"选项栏后，点击"自动踩点"按钮，启用"自动踩点"功能，其提供了"踩节拍Ⅰ"和"踩节拍Ⅱ"两种方式，如图4-39所示，点击所需的"踩点"方式；最后点击"确定"按钮█。此时，音乐素材下方会自动生成音乐节奏标记点，如图4-40所示。

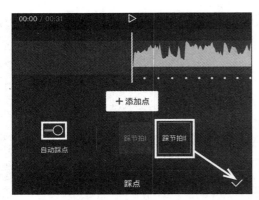

图4-39　两种"自动踩点"方式

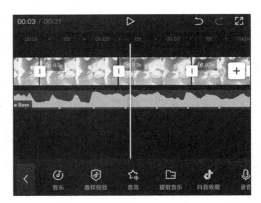

图4-40　查看"踩点"效果

3．手动"踩点"

手动"踩点"就是用户自己去寻找音乐中的某个或多个节奏点，从而使背景音乐与视频画面能够很好地融合在一起。手动"踩点"的方法为：在时间轴轨道中选中音乐素材后，将时间线移至需要标记的时间点上，然后点击底部工具菜单栏中的"踩点"按钮▣，如图 4-41 所示；在打开的"踩点"选项栏中点击"添加点"按钮，此时，时间线所在位置将添加一个黄色标记，如图 4-42 所示。按照相同的操作方法，可以在音乐素材上添加多个标记，如果对添加的标记不满意，可以点击"删除点"按钮将其删除。

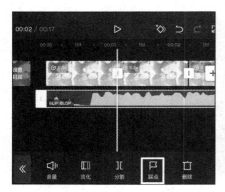

图4-41　点击"踩点"按钮

图4-42　手动"踩点"音乐节奏

4．变声与变速处理

在观看短视频作品时，用户会发现某些短视频里的人物声音进行过变声或变速处理，这种特殊的处理方式不仅可以加强短视频的节奏感，还能增加短视频的趣味性。

（1）使用"变声"功能

对视频原声进行变声处理后，在一定程度上可以强化人物的情绪，尤其是对于一些搞笑类视频而言，变声还可以很好地强化视频的幽默感。在剪映中对音频进行变声处理的方法为：在未选中素材的状态下，点击底部工具菜单栏中的"音频"按钮▣，在打开的"音频"工具菜单栏中点击"录音"按钮▣，按住"录音键"▣开始录制旁白，如图 4-43 所示；然后选择音频素材，点击底部工具菜单栏中的"变声"按钮▣，如图 4-44 所示；

在打开的"变声"选项栏中可以根据实际需求选择变声效果，点击"确定"按钮☑️，如图 4-45 所示。

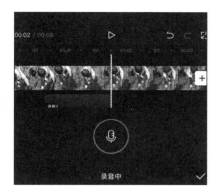
图4-43　为视频配音

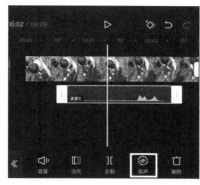
图4-44　点击"变声"按钮

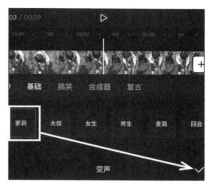
图4-45　选择所需变声效果

知识补充

　　如果想对视频素材中的声音进行变声处理，则可以在时间轴轨道中选中视频素材，然后点击底部工具菜单栏中的"变声"按钮🔊，在打开的"变声"选项栏中选择所需变声效果。

（2）使用"变速"功能

　　在剪映中，不仅可以对视频素材进行变速处理，音频同样可以实现变速操作。在剪辑短视频时，为音频进行恰到好处的变速处理，并搭配合适的视频内容，可以大大提升短视频的趣味性和吸引力。实现音频变速的方法为：在时间轴轨道中选中音频素材后，点击底部工具菜单栏中的"变速"按钮🔄，在打开的"变速"选项栏中自由调节音频素材的播放速度，如图 4-46 所示。向左滑动滑块，音频素材会减速；反之，音频素材加速。

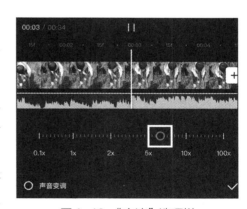
图4-46　"变速"选项栏

　　在进行音频变速处理时，如果想对录制的旁白进行变调处理，则可以选中"变速"选项栏中的"声音变调"单选项，然后点击"确定"按钮☑️，录制的旁白将会变调。

任务实施

1. 添加"卡点"音乐

　　由于短视频最终需要呈现"卡点"效果，所以在剪映的音乐素材库中选择"卡点"音乐作为短视频的背景音乐。下面将导入视频素材，并添加"卡点"音乐，具体操作如下。

微课视频
添加"卡点"
音乐

① 打开剪映，点击"开始创作"按钮，在"最近项目"列表中添加要编辑的视频（素材参见：素材文件\项目四\滑雪.mp4），在编辑界面中点击"添加音频"按钮，如图4-47所示。

② 在打开的"音频"工具菜单栏中点击"音乐"按钮 🎵，如图4-48所示。

③ 打开音乐素材库，选择"卡点"选项，如图4-49所示。

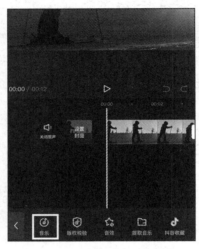

图4-47 点击"添加音频"按钮　　　图4-48 点击"音乐"按钮　　　图4-49 选择"卡点"选项

④ 打开"卡点"音乐素材库，其中显示了几十种音乐效果，这里点击音乐"Ready"对应的"使用"按钮，如图4-50所示。

⑤ 返回编辑界面，双指向外拖动放大时间轴，然后将时间线定位至音频第11s处，并点击底部工具菜单栏中的"分割"按钮 ✂，如图4-51所示。

⑥ 选中分割后的后半段音频素材，点击底部工具菜单栏中的"删除"按钮 🗑，如图4-52所示。

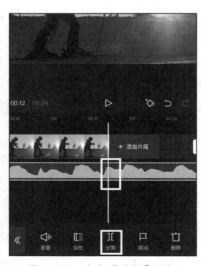
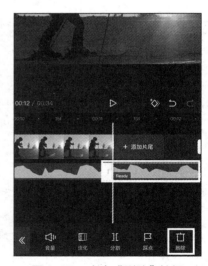

图4-50 点击"使用"按钮　　　图4-51 点击"分割"按钮　　　图4-52 点击"删除"按钮

2. 使音频"自动踩点"

为视频选择合适的背景音乐后，接下来将通过动作声响"卡点"的方式来寻找与音乐相匹配的节奏点。下面为添加的音频设置"自动踩点"，并删除不恰当的节点，具体操作如下。

使音频"自动踩点"

① 在时间轴轨道中选中音频素材，点击底部工具菜单栏中的"踩点"按钮▣。

② 打开"踩点"选项栏，点击"自动踩点"按钮，然后点击"踩节拍Ⅱ"按钮，如图 4-53 所示，再点击"确定"按钮☑。

③ 点击操作面板中的"播放"按钮▷，查看"踩点"效果，如图 4-54 所示。

④ 将时间线定位至音频轨道中第 2 个小黄点所在位置，点击底部工具菜单栏中的"踩点"按钮▣，如图 4-55 所示。

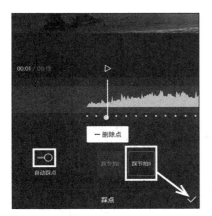

图4-53 点击"踩节拍Ⅱ"按钮

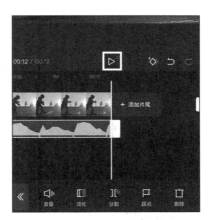

图4-54 点击"播放"按钮

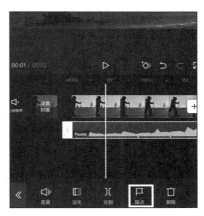

图4-55 点击"踩点"按钮

⑤ 打开"踩点"选项栏，点击"删除点"按钮，此时，该小黄点将自动消失。与此同时，"删除点"按钮也变为了"添加点"按钮，如图 4-56 所示。最后点击"确定"按钮☑，返回编辑界面，可发现音频轨道中的第 2 个小黄点消失不见了，如图 4-57 所示。

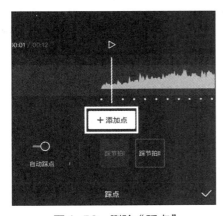

图4-56 删除"踩点"

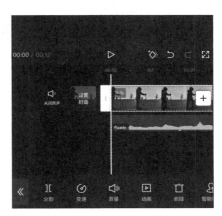

图4-57 删除"踩点"后的效果

在剪映中开启"自动踩点"功能并拖动音频轨道时，若时间线与小黄点重合，则"踩点"选项栏中将显示"删除点"按钮，此时可以删除节奏标记点；若时间线不在小黄点上，则"踩点"选项栏中将显示"添加点"按钮，此时在音频轨道上可增加新的节奏标记点。

知识补充

3. 添加动画和转场效果

一个好的"卡点"短视频，除了要找准与短视频内容相匹配的音乐节拍外，为短视频添加恰当的动画和转场效果也是不可缺少的。下面将为短视频添加组合动画和"泛白"转场效果，具体操作如下。

❶ 在时间轴轨道中选中视频素材后，点击底部工具菜单栏中的"动画"按钮▣，在打开的"动画"工具菜单栏中点击"组合动画"按钮▣，如图4-58所示。

❷ 打开"组合动画"选项栏，选择"缩小弹动"动画，并将动画时长调整为"2.5s"，然后点击"确定"按钮✓，如图4-59所示。

❸ 将时间线定位至视频素材第5s处，点击底部工具菜单栏中的"分割"按钮▯，如图4-60所示。

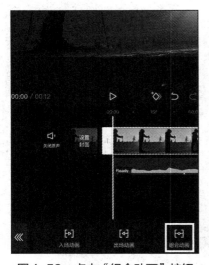

图4-58　点击"组合动画"按钮

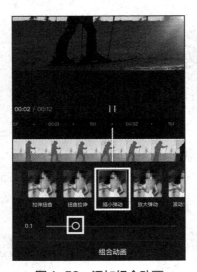

图4-59　添加组合动画

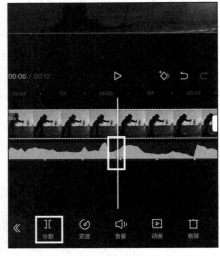

图4-60　点击"分割"按钮

❹ 在未选中素材的状态下，点击视频素材之间的白色小方块▯，如图4-61所示。

❺ 打开"转场"选项栏，在"基础转场"选项卡中选择"泛白"转场效果，然后点击"确定"按钮✓，如图4-62所示。

❻ 返回编辑界面，播放短视频，查看最终的剪辑效果，确认无误后，点击右上角的"导出"按钮，导出短视频（效果参见：效果文件\项目四\滑雪.mp4），如图4-63所示。

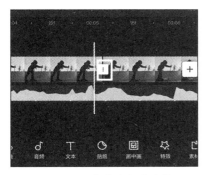
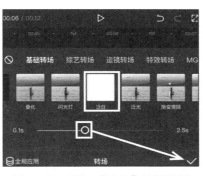

图4-61 点击白色小方块　　　图4-62 添加"泛白"转场效果　　　图4-63 导出短视频

实训一　为短视频添加音效

【实训要求】

不同音效往往会赋予短视频不同的画面氛围，例如在一些搞笑短视频中添加一些综艺或笑声音效会给观众带来不一样的体验。下面将为短视频添加综艺和笑声两种音效。本实训将重点练习音效的添加和变速操作。

【实训思路】

本实训将为一段日常生活题材的搞笑短视频添加音效。先准备好要剪辑的素材文件，然后在视频素材的第15帧位置和第6s第20帧位置添加音效，并调节音效的播放速度和音量，操作思路如图4-64所示。

微课视频

实训一

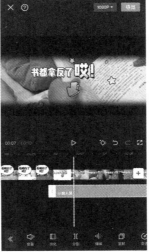

图4-64 为短视频添加音效的操作思路

【步骤提示】

① 打开剪映，在主界面中点击"开始创作"按钮后，将要剪辑的视频素材添加至

编辑界面中（素材参见：素材文件\项目四\音效短视频.mp4）。

② 将时间线定位至第15帧处，依次点击"添加音频"按钮和"音效"按钮🐾，在打开的"音效"列表中，点击"综艺"选项卡中"喝彩"音效对应的"使用"按钮。

③ 在时间轴轨道中选中添加的"喝彩"音效，点击底部工具菜单栏中的"变速"按钮，将速度调节为"0.7×"。

④ 在视频素材的第6s第20帧处添加"笑声"选项卡中的"小黄人笑"音效，并通过"音量"按钮🔊将该音效的音量值增加至"306"，最后将"小黄人笑"音效的时长调节至与视频素材末尾对齐，并导出短视频（效果参见：效果文件\项目四\音效短视频.mp4）。

实训二　实现男声到女声的转换

【实训要求】

使用剪映中的"变声"功能可以改变视频原声的声音效果。下面将把视频素材中的男声更换为女声，以帮助读者熟悉剪映"变声"功能的相关操作。

【实训思路】

本实训将运用"变声"功能，让短视频呈现出不一样的效果。打开剪映后，将要剪辑的视频素材添加到编辑界面中，首先对视频素材进行降噪处理，然后将视频原声变为女声效果，最后为视频素材添加"渐隐"效果的出场动画，操作思路如图4-65所示。

微课视频

实训二

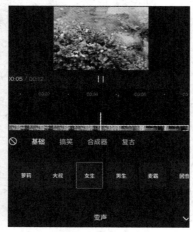

图4-65　实现男声到女声的转换的操作思路

【步骤提示】

① 打开剪映，添加"大熊猫.mp4"视频素材（素材参见：素材文件\项目四\大熊猫

.mp4 ），选中视频素材后，点击底部工具菜单栏中的"降噪"按钮，对视频素材进行降噪处理。

②点击底部工具菜单栏中的"变声"按钮，在打开的"变声"选项栏中点击"基础"选项卡中的"女生"按钮。

③点击底部工具菜单栏中的"动画"按钮，在打开的"动画"工具菜单栏中点击"出场动画"按钮，打开"出场动画"选项栏，选择"渐隐"动画效果，并调整动画时长为"1.5s"，最后以 1080P 分辨率导出短视频（效果参见：效果文件\项目四\大熊猫 .mp4 ）。

课后练习

练习1：通过手动"踩点"制作"卡点"短视频

在剪映主界面点击"开始创作"按钮，添加视频素材到时间轴轨道中（素材参见：素材文件\项目四\运动 .mp4 ）。首先将视频素材的播放速度增至"1.4×"；然后利用"添加音频"按钮添加"运动"类型的背景音乐，并对音乐进行分割、减速、淡入与淡出处理；最后对背景音乐进行手动"踩点"操作，其节奏标记点应为篮球落地的时刻，如图 4-66 所示（效果参见：效果文件\项目四\打篮球 .mp4 ）。

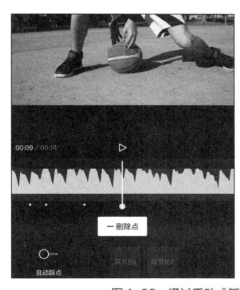

图 4-66　通过手动"踩点"制作"卡点"短视频

练习2：为短视频添加音效

使用剪映剪辑手机中的视频素材（素材参见：素材文件\项目四\为短视频添加音效 .mp4 ），涉及的剪辑操作包括：导入素材，对视频素材进行"1.8×"常规变速，分别在第 9s 和第 17s 添加综艺和笑声音效，添加"姜饼红"滤镜等，如图 4-67 所示（效果参见：效果文件\项目四\为短视频添加音效 .mp4 ）。

图4-67　为短视频添加音效

技能提升

1．分离音频

在使用剪映编辑短视频时，如果想单独处理短视频中的音频，可以使用"音频分离"功能，具体方法为：在剪映中导入要编辑的视频素材，选中视频素材后，点击底部工具菜单栏中的"音频分离"按钮，将音频从视频素材中分离出来，如图4-68所示。

2．复制音频

若需要重复使用某一段音频素材，则可以对其进行复制操作，具体方法为：在时间轴轨道中选中要复制的音频素材，点击底部工具菜单栏中的"复制"按钮，得到一段同样的音频素材，如图4-69所示。

3．收藏音乐

剪映的音乐素材库中有上百种音乐，通过搜索找到所需音乐后，为了方便下次继续使用相同的音乐，可以对音乐进行收藏处理，具体方法为：在剪映的音乐素材库中点击想要收藏的音乐对应的空白五角星，待五角星变黄后，在"我的收藏"列表中便可快速找到已成功收藏的音乐，如图4-70所示。

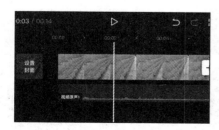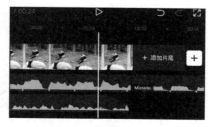

图4-68　成功分离音频后的效果　　　　图4-69　复制音频　　　　图4-70　收藏音乐

项目五

彰显个性——文本和贴纸

情景导入

老洪：米拉，你最近几次制作的短视频作品都不错，但你有没有发现你剪辑的短视频中缺少某种元素呢？

米拉：短视频里包含的元素主要就是动画效果、转场效果、音乐、漂亮的画面等。对了，还有文本。

老洪：不错，就是文本。若短视频包含文本，那么不论是在地铁上，还是在图书馆，关掉视频声音后，通过文本和画面同样可以欣赏短视频内容。除此以外，贴纸也是短视频的一种装饰元素。

米拉：那是不是短视频都要添加文本和贴纸元素呢？

老洪：当然不是，这些要根据短视频的内容和目的而定。

学习目标

○ 掌握新建文本的相关操作
○ 掌握文字模板的使用方法
○ 熟悉自动识别字幕和自动识别歌词的方法
○ 了解贴纸的不同类型
○ 掌握自定义贴纸和预设贴纸的添加方法
○ 掌握编辑贴纸的相关操作

技能目标

○ 能够在短视频中添加合适的字幕效果
○ 能够添加合适的贴纸为短视频增色

任务一　为短视频添加字幕效果

　　文本是短视频中的常见元素，也有助于观看者更加了解短视频内容。在短视频中添加适当的文本内容可以增强视频画面的信息表达效果，如加入标题类文本、说明类文本、字幕等。

任务目标

　　在为短视频添加字幕效果之前，老洪将一些文本添加和编辑技巧告诉了米拉，并告诉米拉可以分3步来实现镂空字幕。首先添加一个气泡文本，为文本制作由小变大的缩放动画效果；然后导入素材库中的黑白场视频作为叠加效果，并使用"叠加"混合模式；最后制作字幕内容并为素材文本添加"向右缓入"入场动画和"逐字虚隐"出场动画。米拉选择好合适的视频素材后便开始剪辑，完成后的效果如图5-1所示。通过对该短视频的剪辑操作，米拉掌握了在短视频中添加和编辑文本的相关操作。

微课视频
效果预览

图5-1　为短视频添加字幕效果

相关知识

1. 新建文本

　　在剪映中添加素材后，在未选中素材的状态下，点击工具菜单栏中的"文本"按钮 T，如图5-2所示。在打开的"文本"工具菜单栏中点击"新建文本"按钮 A+，如图5-3所示。

职业素养　　在短视频中添加文本是为了帮助观看者更好地理解和接受短视频内容，因此，用户在为短视频添加文本时应以简洁、直观、明了为原则，尽量不要设置花哨、复杂的文本样式。

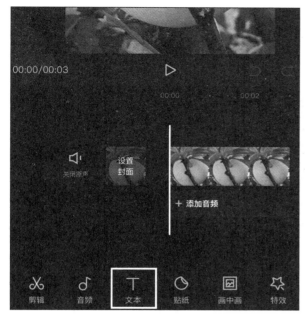

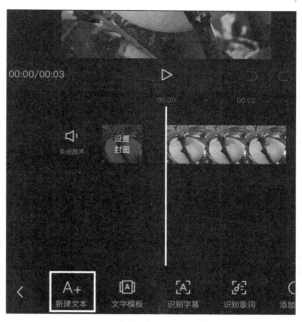

图5-2　点击"文本"按钮　　　　　　　　　　　图5-3　点击"新建文本"按钮

此时，将弹出图5-4所示的输入键盘，根据实际需求输入相关文本，输入时文本内容将同步显示在显示面板中，如图5-5所示。完成操作后点击"确定"按钮☑，此时时间轴轨道中将生成文本素材，如图5-6所示，并显示相应的工具菜单栏，用户可在此处进行分割、复制、样式设置、文本朗读等操作。

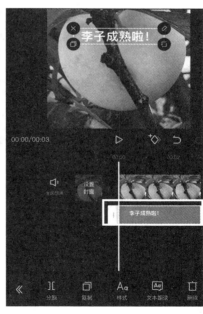

图5-4　显示输入键盘　　　　　图5-5　输入文本内容　　　　　图5-6　生成文本素材

在素材中添加基础文本后，往往需要进一步对输入的文本进行样式设置和基本调整，这样才能满足剪辑需求。

● **设置文本样式**。在时间轴轨道中选择已添加的文本，点击底部工具菜单栏中的

"样式"按钮，打开文本样式设置栏，如图5-7所示，在其中可设置文本的样式、花字、气泡、动画，图5-8所示为设置"童趣体、花字、气泡"后的文本效果。

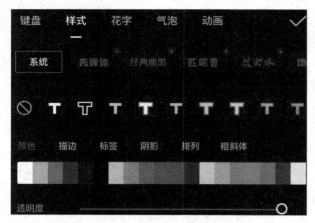

图5-7　文本样式设置栏

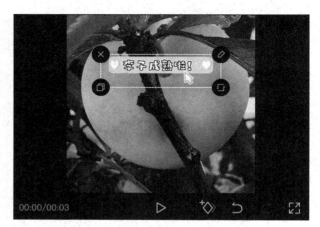

图5-8　设置文本样式后的效果

在创建文本素材时，可以先设置好样式，再输入文本内容。即在编辑界面的工具菜单栏中点击"新建文本"按钮后，在显示的文本样式设置栏中设置好字体、颜色、花字、气泡等参数，最后输入文本内容。

● **文本的基本调整**。在时间轴轨道中选择已添加的文本素材，通过底部工具菜单栏中的分割、复制、删除、样式等按钮可以对文本进行基本调整。另外，在显示面板中点击文本右上角的按钮或双击文本素材，可以修改已输入的文本内容；点击文本右下角的按钮，可以缩放和旋转文本，如图5-9所示；点击文本左上角的按钮，可以删除文本；点击文本左下角的按钮，可以复制文本，如图5-10所示；按住文本素材并进行拖动，可以调整文本素材的显示位置，如图5-11所示。

图5-9　放大并旋转文本

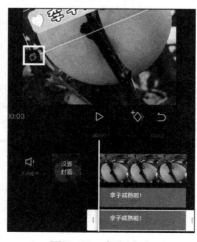

图5-10　复制文本

图5-11　调整文本的显示位置

在时间轴轨道中按住文本素材，当素材呈深色状态时，可通过左右拖动来调整文本素材在时间轴轨道中的位置。在选中文本素材的状态下，按住素材前端或末端的■图标进行左右拖动，可以调整文本素材的持续时间，此操作与视频素材的时间调整操作相似。

2. 文本朗读

在使用剪映编辑视频时，可以使用"文本朗读"功能为短视频快速配音。需要注意的是，在使用剪映的"文本朗读"功能之前，首先要在短视频中添加要朗读的文本内容。

在时间轴轨道中选择文本素材，然后点击底部工具菜单栏中的"文本朗读"按钮█，如图5-12所示。此时在"音色选择"选项栏中将显示特色方言、萌趣动漫、女声音色、男声音色4种不同类型的配音，选择需要的音色后，点击"确定"按钮█，如图5-13所示，剪映将自动为短视频配音并生成相应的音轨。返回编辑界面，点击工具菜单栏中的"音频"按钮█，可以查看生成的音频，如图5-14所示。

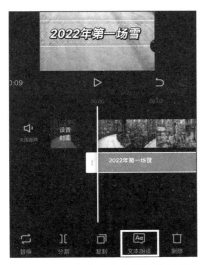

图5-12　点击"文本朗读"按钮

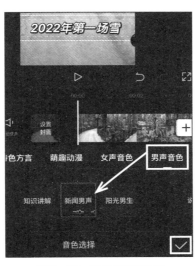

图5-13　选择配音类型

图5-14　查看生成的音频

3. 使用文字模板

在使用剪映编辑视频时，除了可以自行添加并设置文本外，还可以使用一些剪映自带的文字模板来提高编辑效率。自带的文字模板是集动画、花字、样式等于一体的文本效果，不仅好看，而且颇具吸引力。

使用文字模板的方法为：在剪映中添加要编辑的项目后，在未选中素材的状态下，点击工具菜单栏中的"文字"按钮█，然后点击"文本"工具菜单栏中的"文字模板"按钮█；此时，操作面板中将显示不同类型的模板，如标题、字幕、综艺、旅行等，从中选择合适的文字模板后，点击"确定"按钮█。图5-15所示为使用"气泡""新年"

"标题"3种不同文字模板后的效果，此时，双击显示面板中的文本可以修改模板中的文本内容。

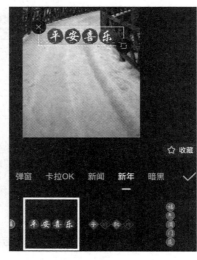

图5-15　使用文字模板为短视频添加文本

4．自动识别字幕

剪映内置的"识别字幕"功能可以智能识别短视频中的语音，并将语音自动转换为字幕，从而轻松完成字幕添加工作。使用剪映自动识别字幕的方法为：在剪映中添加素材文件，在未选中素材的状态下依次点击"文本"按钮▣、"识别字幕"按钮▣，将弹出图5-16所示的提示对话框，点击"开始识别"按钮，稍作等待后，时间轴轨道中将自动生成字幕，如图5-17所示。

图5-16　自动识别字幕

图5-17　自动生成字幕

5．自动识别歌词

剪映不仅能自动识别字幕，还可以自动识别歌词，其操作方法与识别字幕类似。首先在剪映中添加要识别的素材文件，然后依次点击"文本"按钮■、"识别歌词"按钮■，将弹出图 5-18 所示的提示对话框，点击"开始识别"按钮，稍作等待后，时间轴轨道中将自动生成歌词，如图 5-19 所示。

图5-18　自动识别歌词

图5-19　自动生成歌词

知识补充

　　在剪映中完成自动识别字幕或自动识别歌词的操作后，时间轴轨道中都会生成相应的文本素材，选择该素材后，可以在底部的工具菜单栏中设置文本样式、花字、气泡、动画等参数。

任务实施

1．创建气泡文本并添加关键帧

为短视频创建字幕不仅可以让画面内容更加容易理解，还可以增强画面效果。本任务先创建"气泡"样式的文本，并在文本的开始和结尾处添加关键帧，具体操作如下。

微课视频

创建气泡文本并添加关键帧

❶ 打开剪映，在主界面中点击"开始创作"按钮，点击"视频"选项卡，点击"沙漠 .mp4"视频素材（素材参见：素材文件 \ 项目五 \ 沙漠 .mp4），点击"添加"按钮，如图 5-20 所示。

② 将时间线移至视频素材开始处，点击底部工具菜单栏中的"文本"按钮 **T**，如图 5-21 所示。

③ 在打开的"文本"工具菜单栏中点击"新建文本"按钮 **A+**，如图 5-22 所示。

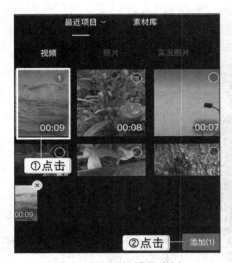
图5-20　添加视频素材

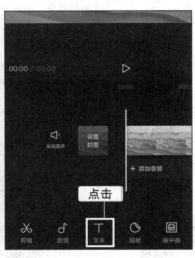
图5-21　点击"文本"按钮

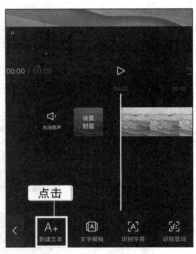
图5-22　点击"新建文本"按钮

④ 弹出输入键盘，点击"气泡"按钮，在打开的"气泡"列表中点击图 5-23 所示的样式，输入文本"沙漠魅力"。

⑤ 在"样式"列表中将文本颜色调整为"黑色"，在"字体"列表中将文本字体更改为"飞驰体"，如图 5-24 所示。

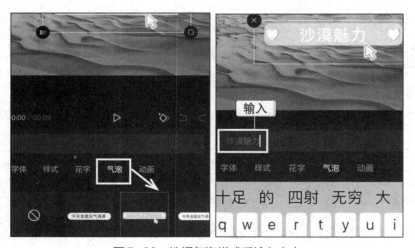
图5-23　选择气泡样式后输入文本

图5-24　更改文本颜色和字体

⑥ 在"样式"列表中点击"描边"按钮，然后在显示的选项栏中点击"白色"选项，最后点击"确定"按钮 **✓**，如图 5-25 所示。

⑦ 此时，时间轴轨道中将显示添加的文本素材，点击"关键帧"按钮 **◇**，在文本素材的开始位置添加一个关键帧，如图 5-26 所示。

⑧ 在显示面板中用双指按住文本并分别朝相反方向滑动，以放大文本，此时时间轴轨道上将自动添加一个关键帧，如图 5-27 所示。

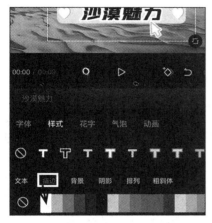

图 5-25 为文本描边

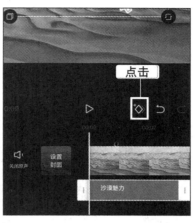

图 5-26 为文本添加关键帧

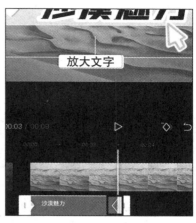

图 5-27 放大文本后自动添加关键帧

2. 创建文本并调整文本样式

微课视频

创建文本并调整文本样式

创建好标题文本后，接下来为视频素材添加剩余的字幕内容。下面将在第 3s 处创建文本，具体操作如下。

❶ 点击底部的"返回"按钮▨，返回工具菜单栏，点击底部的"新建文本"按钮▨，在弹出的键盘中输入文本内容，如图 5-28 所示。

❷ 在"样式"列表中点击"排列"选项卡，在显示的选项栏中，拖动滑块将"字号"调节为"15"，"字间距"调节为"9"，"行间距"调节为"14"，如图 5-29 所示。

❸ 点击"花字"按钮，在打开的"花字"列表中点击第 2 种样式，然后在显示面板中拖动新添加的文本素材，并适当调整其显示位置，如图 5-30 所示。

图 5-28 输入文本内容

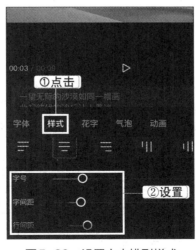

图 5-29 设置文本排列样式

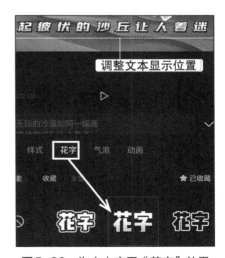

图 5-30 为文本应用"花字"效果

④ 点击"动画"选项卡，在"入场动画"选项卡中点击"向右缓入"效果，并设置动画时长为"2.3s"，如图5-31所示。

⑤ 在"出场动画"选项卡中点击"逐字虚影"效果，并设置动画时长为"0.6s"，点击"确定"按钮，如图5-32所示。

⑥ 选中文本素材，按住素材末端的 图标向右拖动，使文字素材的持续时间与视频素材的持续时间一致，如图5-33所示。

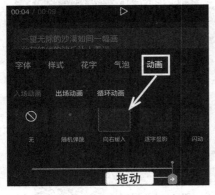

图5-31　为文本添加入场动画

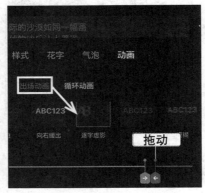

图5-32　为文本添加出场动画

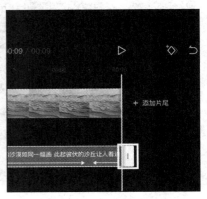

图5-33　调整文本时长

3. 添加画中画

微课视频

添加画中画

为了使画面颜色更加亮丽，下面将通过"画中画"功能添加一个素材文件，并调整画面的混合模式为"叠加"，具体操作如下。

① 将时间线移至视频素材的起始位置处，依次点击底部的 和 按钮，返回编辑界面，点击"画中画"按钮 ，然后在"画中画"工具菜单栏中点击"新增画中画"按钮 ，如图5-34所示。

② 点击"素材库"列表中的"黑白场"选项卡，选择白底素材，然后点击"添加"按钮，如图5-35所示，此时在另一个时间轴轨道上将显示添加的素材文件。

③ 双指反方向滑动放大画面，使其遮挡住显示面板中的视频素材，如图5-36所示。

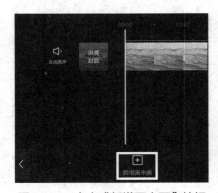

图5-34　点击"新增画中画"按钮

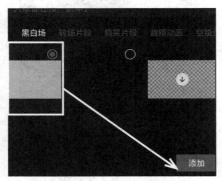

图5-35　添加白底素材

图5-36　放大画面

④　点击底部工具菜单栏中的"混合模式"按钮🔲，在打开的"混合模式"选项栏中选择"叠加"选项，并将"不透明度"设置为"25"，然后点击"确定"按钮☑，如图5-37所示。

⑤　拖动新添加的素材末端的▯图标，使新添加的素材与视频素材时长一致，如图5-38所示。

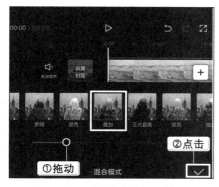

图5-37　设置"叠加"效果

图5-38　调整素材的时长

知识补充

选择一种画面混合模式后，点击"确定"按钮☑可保存当前设置。除此之外，拖动上方的"不透明度"滑块，还可以调整混合程度，默认混合程度是100%。需要注意的是，混合模式在选择主轨道素材时无法启用，例如在上述任务中，若选择视频素材则无法启用混合模式。

4．导出视频文件

制作好短视频后，就可以将其导出并保存到手机相册，也可以分享到抖音等平台。下面将短视频导出到手机相册中，具体操作如下。

微课视频

导出视频文件

①　点击显示面板中的"播放"按钮▷，查看制作好的视频文件。确认无误后，点击编辑界面右上角的"导出"按钮，如图5-39所示。

②　此时，将显示导出进度，待成功导出后将提示导出位置，点击"完成"按钮，如图5-40所示（效果参见：效果文件\项目五\沙漠.mp4）。

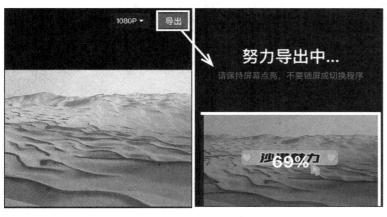

图5-39　导出视频

图5-40　点击"完成"按钮

任务二　添加贴纸

"贴纸"功能是剪映中的一项特殊功能，通过在照片或视频画面中添加贴纸效果，不仅可以起到较好的遮挡和保护隐私的作用，还能让照片或视频画面看起来更加炫酷。

任务目标

米拉虽然看过不少添加了贴纸的短视频，但真正要自己动手制作还是有点困难。老洪告诉米拉，要想让贴纸为视频画面增色，应把握好两个原则：首先，正确选择贴纸类型；其次，适当编辑贴纸。例如，本任务将要剪辑的野炊短视频，就可以添加美食、春日类型的贴纸来增强视频的趣味性。经过老洪的点拨之后，米拉顺利完成了短视频剪辑工作，效果如图 5-41 所示。通过剪辑该视频，米拉掌握了贴纸的添加和编辑操作。

微课视频
效果预览

图5-41　添加贴纸后的效果

相关知识

1. 贴纸的类型

剪映提供的贴纸样式很多，涉及几十种不同类型，并且贴纸内容还在不断更新，图 5-42 所示为"贴纸"列表中"闪闪""正能量""电影字幕"3 种不同类型的贴纸效果。

根据剪映中贴纸的类别，可以将贴纸素材分为五大类，即自定义贴纸、普通贴纸、特效贴纸、热门贴纸、收藏贴纸。

图5-42 不同类型的贴纸

● **自定义贴纸**。自定义贴纸，顾名思义就是用户将自己制作的图片添加到自定义贴纸中，进一步满足用户的日常编辑需求，从而制作出具有个人特色的短视频作品。

● **普通贴纸**。普通贴纸是指"贴纸"列表中没有动态效果的贴纸素材，如"emoji"类别中的表情符号，"Plog"类别中的图片和文本符号等，如图5-43所示，应用贴纸后的效果如图5-44所示。将此类贴纸添加到时间轴轨道后，虽然贴纸本身不会产生动态效果，但用户可以自行为贴纸设置动画。

图5-43 普通贴纸　　　　　　　　　　　　　　图5-44 应用贴纸后的效果

● **特效贴纸**。特效贴纸是指"贴纸"列表中自带动态效果的贴纸素材，在剪映中，绝大部分贴纸都属于此类型，如"闪闪""LOVE""美食""炸开""正能量"等。此类贴纸由于自带动态效果，因此具有更高的生动性和趣味性。

● **热门贴纸**。热门贴纸是剪映自动收集的用户最常用的不同效果的贴纸素材，如"天使""2022""萌娃""箭头"等，如图5-45所示。用户在剪辑短视频时，如果不能快速找到合适的贴纸类型，可以尝试在热门贴纸中选择。

● **收藏贴纸**。收藏贴纸中主要包含用户常用的或喜欢的贴纸类型，方便用户日后使用。收藏贴纸的方法很简单，用户在"贴纸"列表中选择自己喜欢的贴纸后，点击显示面板右下角的"收藏"按钮，可以将贴纸添加到"收藏"列表中，如图5-46所示。

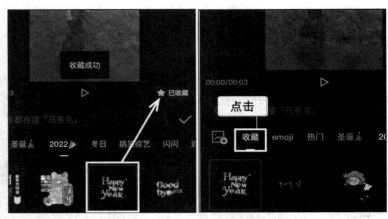

图5-45　热门贴纸素材　　　　　　　图5-46　将贴纸收藏至"收藏"列表

2. 自定义贴纸和预设贴纸

自定义贴纸就是将手机中的照片以贴纸的形式添加到当前画面中，其方法为：在"贴纸"列表中点击"添加"按钮![图标]，在打开的"最近项目"列表中选择贴纸后，可以为当前画面添加贴纸效果。

预设贴纸是指剪映中已经编辑好的贴纸素材，选择后即可使用。添加预设贴纸的方法为：在未选中素材的状态下点击"贴纸"按钮![图标]，在打开的"贴纸"列表中利用手指左右滑动来查看所需的贴纸类型，这里点击"闪闪"类型，然后在打开的列表中选择所需贴纸样式，便可完成预设贴纸的添加操作，如图5-47所示。

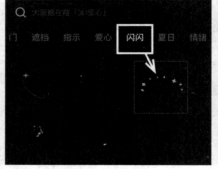

图5-47　添加预设贴纸的过程

知识补充

由于剪映提供的贴纸较多，用户一一查找起来比较麻烦，此时可利用"贴纸"列表上方的搜索栏进行快速搜索，具体方法为：点击搜索栏，在弹出的键盘中输入想要查找的贴纸类型，如"马赛克"，然后进行搜索，稍后搜索结果中将显示符合条件的贴纸素材，点击即可应用。

3. 编辑贴纸

在视频画面中添加贴纸后，底部工具菜单栏中会自动显示对应的编辑按钮，如"分割""复制""动画""删除""镜像""跟踪"，各按钮的功能如下。

● **"分割"按钮**。分割是指将贴纸人为分割成两个或多个片段来使用，每点击一次该按钮，将分割出一份贴纸。

● **"复制"按钮**。复制是将贴纸复制到不同的轨道中，可以复制多个相同的贴纸，每点击一次该按钮，将复制出一个相同的贴纸。

● **"动画"按钮**。对于一些普通贴纸，用户可以点击"动画"按钮，为其添加渐显、变大、缩小等动画效果。

● **"删除"按钮**。点击"删除"按钮，可以删除已添加到画面中的贴纸。

● **"镜像"按钮**。镜像是指在不改变贴纸内容的前提下，对贴纸素材进行水平翻转。

● **"跟踪"按钮**。"跟踪"功能可以有效地使添加的贴纸跟随视频画面中的主体移动，即实现动态跟踪的效果，具体方法为：首先在视频画面中添加贴纸并将其移至要遮挡的对象上，如图5-48所示；然后点击底部工具菜单栏中的"跟踪"按钮，此时显示面板中将提示"请选择跟踪物体"，利用手指移动椭圆至跟踪物体上，按住并拖动或按钮以调整椭圆的大小，如图5-49所示；最后点击"开始跟踪"按钮，待完成跟踪进度后，点击"播放"按钮可查看贴纸动态跟踪效果，如图5-50所示。

图5-48 利用贴纸遮挡人脸

图5-49 选择跟踪对象并调整椭圆大小

图5-50 查看贴纸动态跟踪效果

职业素养

剪映中不断增加的贴纸数量满足了不同用户的需求，但贴纸虽好，使用时也要注意场合和内容，尤其是自定义的贴纸，应以积极向上、传递正能量为主，不要随意制作一些不合时宜的贴纸素材。

任务实施

1. 添加美食贴纸

本任务将要剪辑的是野炊类短视频，为了体现食物的美味，可以先在视频画面中添加美食类贴纸。下面将在视频画面中添加"真香"贴纸，具体操作如下。

❶ 打开剪映，点击"开始创建"按钮添加要剪辑的视频素材"野炊.mp4"（素材参见：素材文件\项目五\野炊.mp4），在未选中素材的状态下，点击底部工具菜单栏中的"贴纸"按钮，如图5-51所示。

❷ 在"贴纸"列表中向左滑动选择贴纸类别，选择"美食"列表中的"真香"选项。此时显示面板中将同步出现所选的贴纸，将手指定位到贴纸右下角的按钮上，拖动放大贴纸后旋转，并将其移至画面的左下角，效果如图5-52所示，最后点击"确定"按钮。

❸ 返回编辑界面，在时间轴轨道上按住贴纸轨道右侧的图标，向左拖动，将贴纸时长调整为"2s"，如图5-53所示，然后点击"复制"按钮。

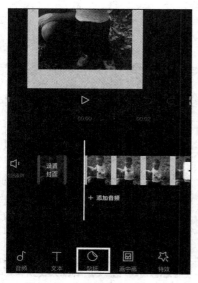

图5-51　点击"贴纸"按钮

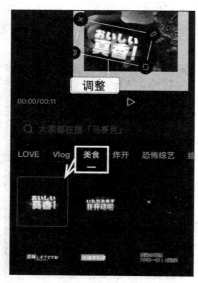

图5-52　选择并放大贴纸

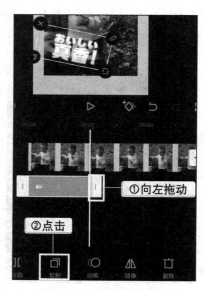

图5-53　调整贴纸时长

❹ 此时，复制而来的贴纸将显示在另一条时间轴轨道上，拖动复制而来的贴纸到第二条轨道上的第4s处，如图5-54所示。

❺ 按住复制而来的贴纸右侧的图标，向右拖动使其时长与视频素材时长一致，如图5-55所示。

❻ 在显示面板中按住复制而来的贴纸，适当向上移动，如图5-56所示。

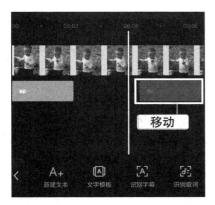

图5-54 移动复制而来的贴纸

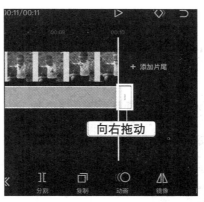

图5-55 调整复制而来的贴纸的时长

图5-56 调整贴纸的显示位置

知识补充

在视频画面中添加贴纸后，贴纸四周会出现4个按钮，点击⊗按钮，可删除贴纸；点击按钮，可复制贴纸；点击按钮，可缩放和旋转贴纸；点击✐按钮，可以为贴纸添加入场动画、出场动画和循环动画。

2．添加遮挡贴纸

为了保护个人隐私，下面将继续在视频画面中添加遮挡类型的贴纸，具体操作如下。

微课视频
添加遮挡贴纸

❶ 在操作面板中将时间线移至起始位置，点击操作面板中的空白区域，返回上一级工具菜单栏，再点击"添加贴纸"按钮◐，如图5-57所示。

❷ 在"贴纸"列表中选择"遮挡"选项卡中的熊猫头像，适当移动贴纸使其完全遮挡住人物的面部，如图5-58所示，然后点击"确定"按钮☑。

❸ 返回编辑界面，点击底部工具菜单栏中的"跟踪"按钮◉，如图5-59所示。

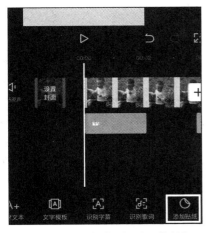

图5-57 点击"添加贴纸"按钮

图5-58 调整贴纸的显示位置

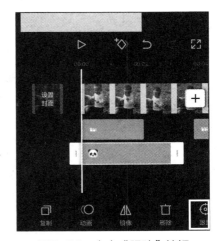

图5-59 点击"跟踪"按钮

❹ 此时，显示面板会提示"请选择跟踪物体"，这里选择人脸，将椭圆调至完全遮

挡人脸的效果，如图 5-60 所示，然后点击"开始跟踪"按钮。

5 稍作等待后，剪映将自动完成跟踪操作，调整第二个贴纸轨道，使其时长与视频素材时长一致，效果如图 5-61 所示。

 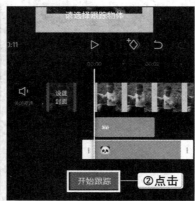 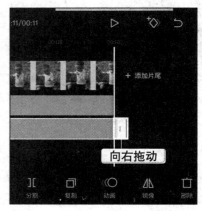

图5-60 选择跟踪物体并开始跟踪　　　　　　　　图5-61 调整贴纸时长

3. 添加春日贴纸

单一画面有时会显得过于单调，此时可以适当为其添加一些装饰贴纸来进行点缀。下面将在短视频画面中添加春日类型的贴纸，具体操作如下。

微课视频

添加春日贴纸

1 在操作面板中将时间线移至起始位置，点击"添加贴纸"按钮🌙。

2 在打开的"贴纸"列表中选择"春日"选项卡中图 5-62 所示的贴纸，然后在显示面板中移动贴纸到右上角位置，再点击"确定"按钮☑。

3 返回编辑界面，点击工具菜单栏中的"复制"按钮▣，在另一个轨道上复制一个贴纸，将复制而来的贴纸移至显示面板的左上角，如图 5-63 所示。

4 点击底部工具菜单栏中的"镜像"按钮◢◣，将复制后的贴纸水平翻转，如图 5-64 所示。

图5-62 移动添加的贴纸　　　　图5-63 复制贴纸　　　　图5-64 水平翻转贴纸

5 在操作面板中分别拖动两个春日贴纸，使其持续时长与视频素材时长一致，如图 5-65 所示。

⑥ 在显示面板中点击右上角的春日贴纸，点击底部工具菜单栏中的"动画"按钮 ◎ ，在打开的"贴纸动画"选项栏中选择"循环动画"列表中的"轻微跳动"选项，并将持续时间设置为"3s"，然后点击"确定"按钮 ✓ ，如图5-66所示。

⑦ 用相同的操作方法，为画面中左上角的贴纸添加相同的动画效果，最后点击"导出"按钮，导出添加了贴纸效果的视频文件（效果参见：效果文件\项目五\野炊.mp4）。

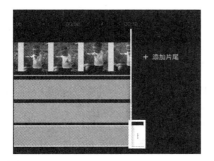

图5-65 调整贴纸的时长

图5-66 为贴纸添加循环动画

实训一 制作文本消散效果

【实训要求】

为了进一步巩固在剪映中添加和编辑文本的相关操作，下面将制作一个具有文本消散效果的视频文件。本实训将重点练习文本的添加和编辑方法。

【实训思路】

本实训可运用前面所学的文本添加和编辑知识来操作。先通过工具菜单栏中的"文本"按钮 T 为视频素材添加文本，然后设置文本的出场动画，最后在视频素材第5s处利用"画中画"按钮 ⊡ 添加另一个视频素材。操作思路如图5-67所示。

微课视频

实训一

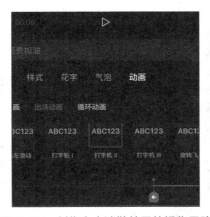
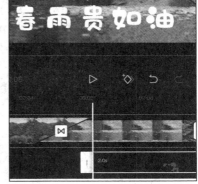

图5-67 制作文本消散效果的操作思路

【步骤提示】

1️⃣ 打开剪映，添加"下雨"素材文件（素材参见：素材文件＼项目五＼下雨.mp4），在编辑界面底部的工具菜单栏中点击"文本"按钮▦，输入文本"春雨贵如油"，并将字体设置为"糯米团"，双指拖动放大文本。

2️⃣ 为输入的文本添加"打字机Ⅱ"出场动画，将动画持续时间调整为"1.8s"。

3️⃣ 返回编辑界面，点击工具菜单栏中的"画中画"按钮▦，新增"消散粒子"素材（素材参见：素材文件＼项目五＼消散粒子.mp4），然后点击"混合模式"按钮▦，在打开的"混合模式"选项栏中选择"滤色"选项。

4️⃣ 利用手指拖动画中画素材，将其开始位置对齐主轨道中的"5s"处，最后导出素材，并将分辨率设置为1080P（效果参见：效果文件＼项目五＼文本消散效果）。

实训二　为新年祝福短视频添加贴纸

【实训要求】

在春节来临之际，为了喜迎新春，在短视频中添加一些烘托节日气氛的贴纸是必不可少的。下面将在新年祝福短视频中添加"闪闪"和"2022"贴纸来烘托新年气氛，从而进一步熟悉添加贴纸的操作方法。

【实训思路】

本实训将运用前面所学的贴纸添加与编辑知识进行操作。打开剪映后，首先添加要编辑的视频素材，然后选择"闪闪"和"2022"贴纸，并对贴纸进行复制、移动、缩放等操作，操作思路如图5-68所示。通过该思路，还可以尝试在不同类型的短视频或照片中添加不同类型的一张或多张贴纸。

微课视频

实训二

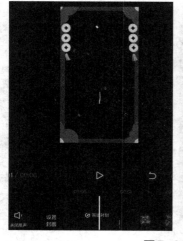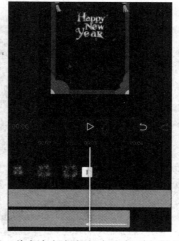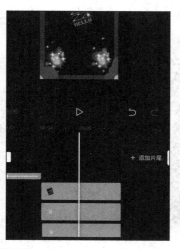

图5-68　为新年祝福短视频添加贴纸的操作思路

【步骤提示】

① 在剪映中添加要编辑的视频素材"烟花"（素材参见：素材文件＼项目五＼烟花 .mp4），点击编辑界面底部的"贴纸"按钮🌙，打开"贴纸"列表，在"边框"选项卡中选择图 5-68 所示的贴纸，并调整贴纸时长与视频素材时长一致。

② 在视频素材播放到 1s 时添加"2022"列表中的"Happy New Year"贴纸，为贴纸添加时长为"1s"的"缩小"出场动画。

③ 在视频素材播放到第 4s 时，添加"2022"选项卡中的"2022HELLO"贴纸和"闪闪"选项卡中图 5-68 所示的贴纸，将贴纸结束时间调整为与视频素材结束时间一致，然后复制"闪闪"类型的贴纸，并适当调整贴纸的位置（效果参见:效果文件＼项目五＼新年快乐 .mp4）。

课后练习

练习1：为短视频添加文本

本练习需要使用剪映为短视频"宇宙"（素材参见：素材文件＼项目五＼宇宙 .mp4）添加文本，为了提高制作效率，可以利用文字模板中的"2022"文本样式来快速添加文本,效果如图 5-69 所示。添加后调整文本时长与短视频时长一致,然后导出短视频（效果参见：效果文件＼项目五＼宇宙 .mp4）。

练习2：为短视频添加贴纸

尝试在生日短视频中添加"生日""花好月圆"类型的贴纸，以此来达到美化短视频的目的，效果如图 5-70 所示（效果参见：效果文件＼项目五＼生日 .mp4）。

图5-69 为短视频添加文本

图5-70 为短视频添加贴纸

技能提升

1. 在剪映中添加人声字幕

在剪映中除了可以通过输入文本的方式来添加字幕外，还可以添加人声字幕。添加人声字幕有两种方式，一种是前面介绍的通过识别视频素材中的人声来自动添加字幕；另一种是通过人声录入的方式来添加字幕。通过人声录入的方式来添加字幕的方法为：在未选中素材的状态下，依次点击"音频"按钮♪、"录音"按钮 🎙️；然后按住红色的录音键不放，对准手机上的麦克风，录入想要在视频素材中添加的文本内容，完成后点击"确定"按钮✔；此时时间轴轨道上将新增一个音频轨道，如图5-71所示，导出素材文件。重新将导出的文件添加到剪映的编辑界面，依次点击"文本"按钮 🇹、"识别字幕"按钮 🄰，在打开的提示对话框中点击"开始识别"按钮，稍后将在视频素材中自动添加字幕，效果如图5-72所示。

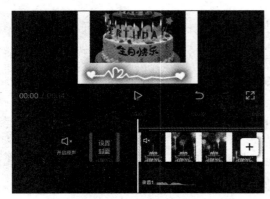

图5-71　新增一个音频轨道

图5-72　生成的人声字幕效果

2. 为贴纸添加动态效果

一般情况下，在剪映中添加贴纸后，该贴纸都是被固定在某一位置的。有时，为了让视频画面更加丰富有趣，可以利用"关键帧"功能，让贴纸动起来。为贴纸添加动态效果的方法为：在编辑界面中选择贴纸所在的时间轴轨道，在起始位置点击"关键帧"按钮 ◇，为贴纸添加第一个关键帧；然后将时间线定位至视频第5s处，如图5-73所示，并利用手指在显示面板中拖动贴纸以调整其位置和大小，此时时间轴轨道上将自动添加一个关键帧；最后点击"播放"按钮 ▷ 查看动态贴纸效果。

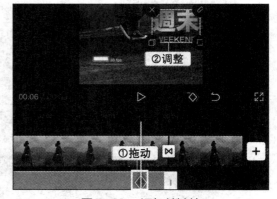

图5-73　添加关键帧

项目六

视频合成——蒙版和后期特效

06

情景导入

米拉：老洪，你能教我制作"灯光卡点秀"的短视频吗？画面中建筑物跟随"卡点"音乐依次被点亮，这种效果该如何实现呢？

老洪：其实，短视频中建筑物分时段被点亮的效果是用剪映中的"蒙版"功能来实现的。蒙版就是让显示一部分画面、遮挡一部分画面的特殊效果。

米拉：没想到，剪映还有这种功能。

老洪：除了"蒙版"功能外，剪映还提供了其他丰富炫酷的"特效"功能，如爱心、流星雨、大雪、彩色火焰等。灵活运用这些特效，也能制作出高质量的短视频。现在，你就可以尝试在剪辑过程中增加一些蒙版和特效元素。

米拉：那我现在就开始练习。

学习目标

◎ 掌握蒙版的添加方法
◎ 掌握编辑和反转蒙版的相关操作
◎ 熟悉特效的类型
◎ 了解智能抠像的操作
◎ 了解常用的画面特效和人物特效

技能目标

◎ 能够利用特效打造出吸引人的短视频
◎ 能够制作出具有回忆感的短视频

任务一　利用蒙版制作三分屏效果

蒙版也称遮罩，在剪映中使用"蒙版"功能可以轻松遮挡或显示部分画面，是视频剪辑的常用手段。剪映提供了线性、镜面、圆形、矩形、爱心、星形 6 种不同形状的蒙版，这些蒙版可以作用于固定的画面范围。利用"蒙版"功能，用户可以随心所欲地细分画面，精细雕琢画面的每一个细节。

🔍 任务目标

认真了解剪映中的"蒙版"功能后，米拉又查看了本任务短视频的剪辑要求。她发现若要实现三分屏的视频效果，在剪映中将"画中画"与"蒙版"功能结合使用是快速且取得好效果的方法。很快，米拉就完成了视频剪辑工作，效果如图 6-1 所示。通过剪辑该短视频，米拉掌握了"蒙版"功能的相关使用方法。

微课视频

效果预览

图6-1　利用蒙版制作三分屏效果

💬 相关知识

1. 蒙版的作用

在剪映中，蒙版是一个非常实用的工具，用户可以利用蒙版使剪辑后的短视频变得更加精致、好看。蒙版的作用很强大，常见的作用有以下两种。

● **合成图像**。合成图像是指将两个不同的画面自然融合，如画面重叠效果、替换天空效果、多屏显示效果等。图 6-2 所示为利用"线性"蒙版工具快速替换天空的效果。

● **分区域处理画面**。利用剪映中的"蒙版"功能，用户可以将画面分成多个不同的区域，然后对不同的区域执行不同的操作，从而得到更加精细的画面效果。图 6-3 所示为分区域处理画面亮光的效果。

图6-2 快速替换天空的效果

图6-3 分区域处理画面亮光的效果

2．添加蒙版

在剪映中添加蒙版的方法很简单。首先，在时间轴轨道中选中要应用蒙版的素材；然后点击底部工具菜单栏中的"蒙版"按钮🔘，在打开的"蒙版"选项栏中可以看到6种不同形状的蒙版，如图6-4所示，点击要应用的蒙版形状；最后点击"确定"按钮✅，将蒙版形状应用到素材中，效果如图6-5所示。

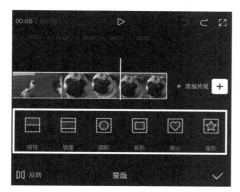

图6-4 "蒙版"选项栏

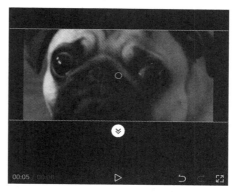

图6-5 应用"镜面"蒙版后的效果

3．编辑蒙版

在剪映中对素材应用蒙版后，蒙版上将显示一个或多个功能按钮，如图6-6所示。拖动这些功能按钮，可以对蒙版进行移动、旋转、羽化、大小调节等操作。下面以"矩形"蒙版为例，介绍蒙版的各种编辑操作。

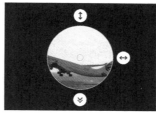

图6-6 蒙版上的功能按钮

- **"羽化"按钮**⚹。使用该按钮，可以使蒙版边缘更加柔和、自然。
- **"调节大小"按钮**↔↕。使用这两个按钮，可以分别在水平和垂直方向调整蒙版的宽度和高度。
- **"圆角化"按钮**◠。使用该按钮，可以使"矩形"蒙版的直角变为圆角。注意，在剪映中，只有"矩形"蒙版有"圆角化"按钮，其他5种蒙版形状都没有。

（1）移动蒙版

在"蒙版"选项栏中选择"矩形"蒙版后，在显示面板的预览区中可以看到应用蒙版后的效果，如图6-7所示。此时，在预览区中按住蒙版进行拖动，可以调整蒙版的位置，同时蒙版的作用区域也会发生改变，如图6-8所示。

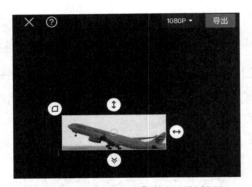

图6-7　应用"矩形"蒙版后的效果

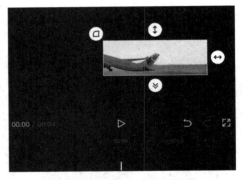

图6-8　移动蒙版后的效果

（2）旋转蒙版

在预览区中通过双指旋转操作可以旋转蒙版，双指的旋转方向对应蒙版的旋转方向，即双指顺时针旋转时，蒙版也对应顺时针旋转，如图6-9所示；双指逆时针旋转时，蒙版也对应逆时针旋转，如图6-10所示。

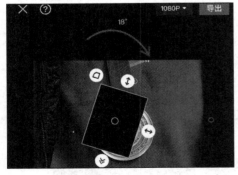

图6-9　顺时针旋转蒙版

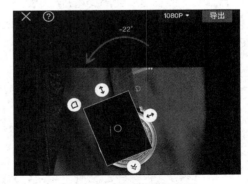

图6-10　逆时针旋转蒙版

（3）羽化蒙版

在预览区中按住"羽化"按钮⚹进行拖动，可以对蒙版进行羽化处理。羽化后，蒙版边缘的过渡更加自然，图6-11所示为羽化蒙版前后的对比效果。

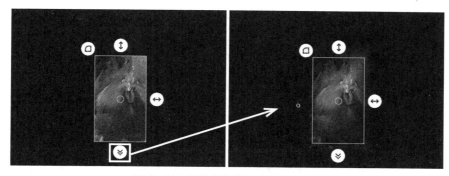

图6-11 羽化蒙版前后的对比效果

（4）调节蒙版大小

在预览区中双指按住蒙版往相反方向滑动，可以等比例放大蒙版，如图6-12所示；双指往同一方向靠拢，则可以等比例缩小蒙版，如图6-13所示。除此之外，按住并拖动蒙版中的"宽度"按钮⬌，可以调整蒙版的宽度，如图6-14所示；按住并拖动蒙版中的"高度"按钮⬍，可以调整蒙版的高度，如图6-15所示。

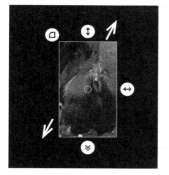
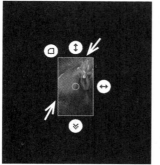
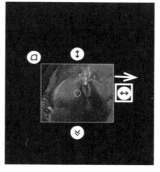
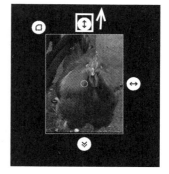

图6-12 放大蒙版　　　　图6-13 缩小蒙版　　　　图6-14 增加蒙版宽度　　　图6-15 增加蒙版高度

知识补充

在剪映中添加蒙版后，可对蒙版进行反转操作，以改变蒙版的作用区域，具体方法为：在"蒙版"选项栏中为素材应用蒙版后，点击选项栏左下角的"反转"按钮▮▮，此时，蒙版的作用区域将产生反转，原来被遮挡的区域将显示出来，原来显示的区域将被遮挡。

任务实施

1. 将素材导入画中画

为了实现三分屏效果，导入多个视频素材是必不可少的操作。下面将把提供的多个素材导入画中画，具体操作如下。

微课视频

将素材导入
画中画

1 打开剪映并点击"开始创作"按钮后，依次导入需要编辑的视频素材，如图 6-16 所示（素材参见：素材文件\项目六\蒙版 1.mp4、蒙版 2.mp4、蒙版 3.mp4）。

2 选中第二段素材后，点击底部工具菜单栏中的"切画中画"按钮💢，如图 6-17 所示。

3 此时，选中的视频素材将显示在第二条轨道中，拖动该素材至轨道的起始位置，效果如图 6-18 所示。

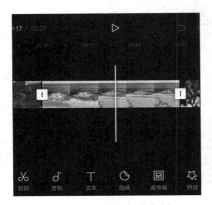
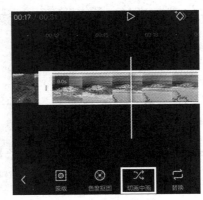
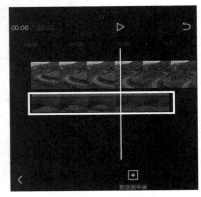

图6-16　导入多个素材　　　图6-17　点击"切画中画"按钮（1）　　　图6-18　拖动素材至目标位置

4 选中时间轴轨道中主轨道上的第二段视频素材，点击底部工具菜单栏中的"切画中画"按钮💢，如图 6-19 所示。

5 此时，选中的素材将显示在第三条轨道中，拖动该素材至第三条轨道的起始位置，如图 6-20 所示。

6 将时间线定位至第二条轨道中视频素材的末尾处，选中主轨道中的素材，并点击底部工具菜单栏中的"分割"按钮▮▮，如图 6-21 所示。

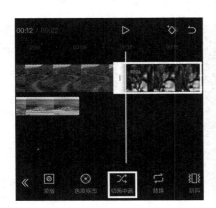
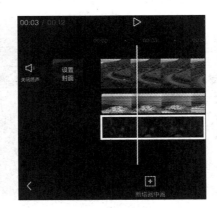
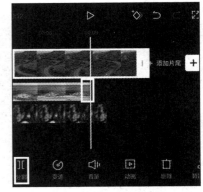

图6-19　点击"切画中画"按钮（2）　　　图6-20　移动素材　　　图6-21　点击"分割"按钮

7 选中分割后的后半段素材，点击底部工具菜单栏中的"删除"按钮▮，如图 6-22 所示。

8 选中第三条轨道中的素材，按照相同的操作方法，对其进行分割和删除处理，如图 6-23 所示。

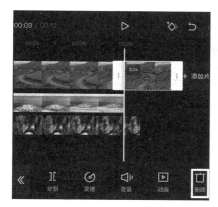
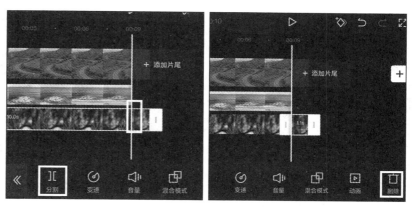

图6-22 点击"删除"按钮　　　　　　　　　图6-23 分割后的后半段视频素材

2. 添加并编辑"镜面"蒙版

要想同时显示多个视频画面，需要利用"蒙版"功能来实现。下面将利用"镜面"蒙版工具制作三分屏效果，具体操作如下。

1 选中第三条轨道上的素材，点击底部工具菜单栏中的"蒙版"按钮◙，如图 6-24 所示。

2 打开"蒙版"选项栏，点击"镜面"按钮▤，如图 6-25 所示，此时，预览区中将显示画面应用"镜面"蒙版后的效果。

3 将双指定位至蒙版中，然后逆时针旋转 42°，如图 6-26 所示。

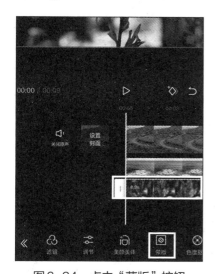
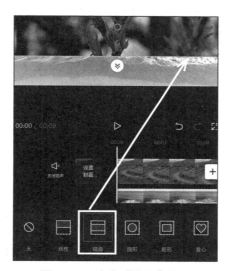

图6-24 点击"蒙版"按钮　　　图6-25 点击"镜面"按钮　　　图6-26 旋转蒙版

4 在预览区中双指向外滑动，适当放大蒙版后，将蒙版向右上角拖动，直至蒙版中的黄线被移出预览区，如图 6-27 所示，然后点击"确定"按钮☑。

5 选中第二条轨道中的素材，点击底部工具菜单栏中的"蒙版"按钮◙，在打开的"蒙版"选项栏中点击"镜面"按钮▤，如图 6-28 所示。

图6-27　放大后移动蒙版

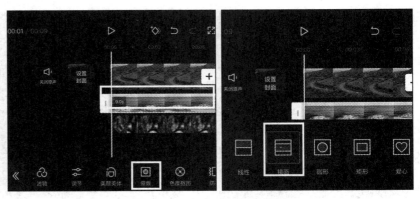

图6-28　添加"镜面"蒙版

⑥　在预览区中将蒙版顺时针旋转44°，效果如图6-29所示。

⑦　适当放大蒙版，将蒙版向左下角拖动，直至蒙版中的黄线移出预览区，如图6-30所示，然后点击"确定"按钮☑。

⑧　选中主轨道中的素材，点击底部工具菜单栏中的"蒙版"按钮▤，如图6-31所示。

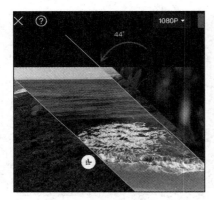

图6-29　旋转蒙版

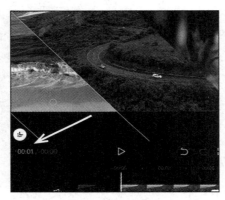

图6-30　放大后移动蒙版

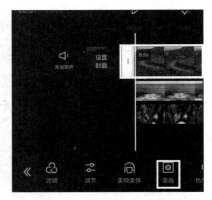

图6-31　点击"蒙版"按钮

⑨　在打开的"蒙版"选项栏中点击"镜面"按钮▤，如图6-32所示。

⑩　在预览区中将蒙版顺时针旋转44°，然后将其适当放大并移至预览区的中间位置，如图6-33所示，然后点击"确定"按钮☑。

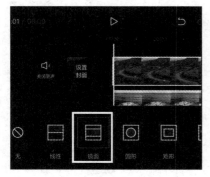

图6-32　点击"镜面"按钮

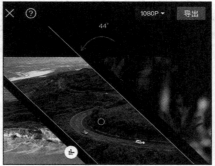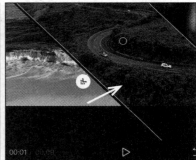

图6-33　编辑蒙版

3．为素材添加动画效果

成功制作三分屏效果后，为了让视频素材的效果更加丰富，下面将为3 段视频素材添加不同的入场动画，具体操作如下。

1 选中主轨道中的素材，点击底部工具菜单栏中的"动画"按钮▣，如图 6-34 所示。

2 在打开的"动画"工具菜单栏中点击"入场动画"按钮▣，选择"动感缩小"选项，并将动画时长调整为"3.4s"，点击"确定"按钮☑，如图 6-35 所示。

3 选中第二条轨道中的素材，点击底部工具菜单栏中的"动画"按钮▣，如图 6-36 所示。

图6-34 点击"动画"按钮（1）

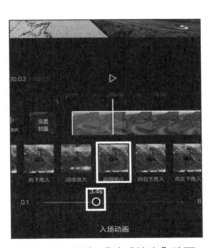

图6-35 添加"动感缩小"动画

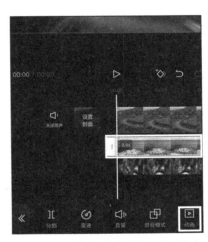

图6-36 点击"动画"按钮（2）

4 在打开的"动画"工具菜单栏中点击"入场动画"按钮▣，选择"向右滑动"选项，并将动画时长调整为"3.3s"，点击"确定"按钮☑，如图 6-37 所示。

5 选中第三条轨道中的素材，按照相同的操作方法，为其添加"向左滑动"的入场动画，并调整动画时长为"3.2s"，如图 6-38 所示，然后点击"确定"按钮☑。

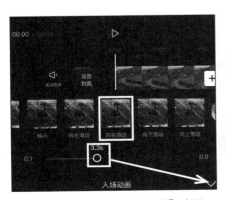

图6-37 添加"向右滑动"动画

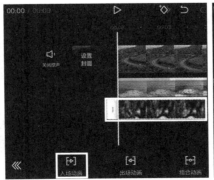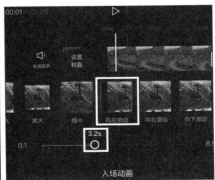

图6-38 添加"向左滑动"动画

4．添加贴纸和音频

短视频除了要有优质的内容外，还可以有一些为视频增光添彩的元素，如贴纸、音频等。下面将为短视频添加合适的贴纸和音频，具体操作如下。

❶ 返回编辑界面，在未选中素材的状态下将时间线移至第 2s 处，点击"贴纸"按钮 ⬤，如图 6-39 所示。

❷ 在打开的"贴纸"列表中选择"Vlog"选项卡中图 6-40 所示的贴纸样式，然后点击"确定"按钮 ✓。

❸ 在预览区中按住并拖动贴纸右下角的 按钮，适当缩小贴纸后，将其移至画面正中央，效果如图 6-41 所示。

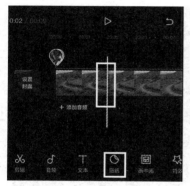

图6-39　点击"贴纸"按钮　　　　图6-40　选择所需贴纸样式　　　　图6-41　编辑贴纸

❹ 在时间轴轨道中拖动贴纸末尾处的 图标，将贴纸时长调整至与视频素材时长一致，如图 6-42 所示。

❺ 返回编辑界面，将时间线移至视频素材的起始位置，点击"添加音频"按钮，如图 6-43 所示。

❻ 点击底部工具菜单栏中的"音乐"按钮 ，在音乐素材库中的"我的收藏"选项卡中选择一个音频，这里点击第一个音频对应的"使用"按钮，如图 6-44 所示。

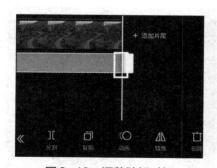
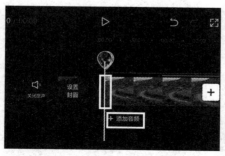

图6-42　调整贴纸时长　　　　图6-43　点击"添加音频"按钮　　　　图6-44　点击"使用"按钮

❼ 将时间线定位至视频素材的末尾处，点击底部工具菜单栏中的"分割"按钮 ，如图 6-45 所示。

⑧ 选中分割后的音频素材，点击底部工具菜单栏中的"删除"按钮▣，如图 6-46 所示。

⑨ 选中保留的音频素材，点击底部工具菜单栏中的"淡化"按钮▥，在打开的"淡化"选项栏中将"淡出时长"调整为"0.9s"，如图 6-47 所示。最后点击"确定"按钮☑，返回编辑界面后，点击右上角的"导出"按钮，导出视频文件（效果参见:效果文件\项目六\蒙版的使用.mp4）。

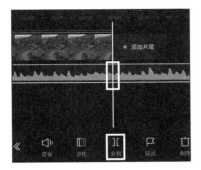
图6-45　点击"分割"按钮

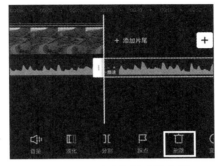
图6-46　删除分割后的音频

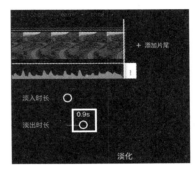
图6-47　淡化音频

任务二　制作雪花飘落短视频

在对拍摄的视频素材进行后期处理时，如果能为视频素材添加各种特效，将会使短视频增色不少。恰到好处的特效能使短视频更具美感、更加个性化，同时还能实现一些特殊的视觉效果。下面将介绍在剪映中为视频素材添加各种特效的基本操作方法。

🔍 任务目标

今天，米拉需要剪辑一段下雪效果的短视频，但视频素材本身并没有下雪的画面，要想为短视频增添雪花飘落的效果，就需要使用剪映中的"画面特效"功能。经过反复筛选后，米拉选择了画面特效中的"冬日"特效，将雪花纷飞的效果融合到了现有的视频素材中，最终效果如图 6-48 所示。

微课视频
效果预览

图6-48　雪花飘落短视频的效果

相关知识

　　剪映为用户提供了丰富多彩的视频特效，能够帮助用户实现开幕、炫光、分屏、纹理、漫画等视频效果。除此之外，剪映还提供了"智能抠像"和"美颜美体"功能，这些功能可以让视频画面中的人物形象更加精致、动人。

1. 特效类型

　　剪映提供的特效大致可以分为画面特效和人物特效两大类，这些特效可以帮助用户创作出很多不同风格、不同效果的短视频。为视频素材添加特效的方法很简单，首先将素材导入时间轴轨道，在未选中素材的状态下，点击底部工具菜单栏中的"特效"按钮，打开"特效"工具菜单栏，如图6-49所示；其提供了"画面特效"和"人物特效"两种类型，点击其中的"画面特效"按钮将进入"画面特效"列表，通过滑动操作可以预览画面特效类别，选择其中任意一种效果，将其添加到素材中，如图6-50所示；点击"人物特效"按钮后，使用相同的方法便可将其中的人物特效添加到素材中。

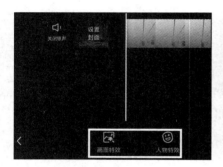

图6-49　"特效"工具菜单栏

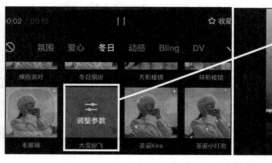

图6-50　添加"大雪纷飞"特效

　　● **画面特效**。画面特效会让视频画面更加丰富，让观看者更有代入感，并让其有身临其境的感觉。但需要注意的是，画面特效需要在特定的剧情中使用，并且持续时间不宜过长。

　　● **人物特效**。人物特效主要是对人物的身体、头部等部位进行装饰与美化，让人物的某方面有代表性或具有突出特点，如为人物佩戴眼镜、帽子等。

2. 常用的画面特效

　　在剪映中，画面特效有10多种类型，如基础、金粉、氛围、爱心等，每一种类型的特效其应用场景各不相同，用户需要根据实际的素材来选择。下面将介绍常用的画面特效类型。

　　● **基础特效**。基础特效集合了画面特效中较为简单的特效种类，包括爱心边框、鱼眼、动感模糊、开幕、闭幕、粒子模糊等。

● **金粉特效**。金粉特效是指为画面添加金光闪烁的效果，创造梦幻般的视频画面。金粉特效包括金粉聚拢、金粉炸开、金片等不同种类，如图6-51所示。

● **氛围特效**。氛围特效是指为画面添加一个特定的环境，让观看者能够融入其中，并感同身受。氛围特效包括流星雨、泡泡、发光、星火等不同种类，如图6-52所示。

● **爱心特效**。爱心特效是指为画面添加各种不同样式的爱心形状，让整个画面充满爱。爱心特效包括像素爱心、怦然心动、彩虹爱心等不同种类，如图6-53所示。

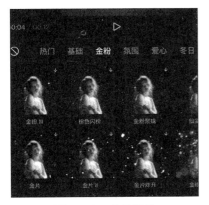

图6-51 金粉特效

图6-52 氛围特效

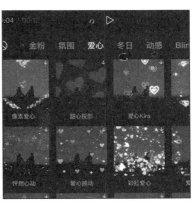

图6-53 爱心特效

● **动感特效**。动感特效是指为画面创造具有冲击力的、震撼的动态视觉效果。动感特效包括彩色负片、瞬间模糊、闪白、闪黑、文字闪动等不同种类。

3. 常用的人物特效

在剪映中，人物特效有10种，如情绪、头饰、挡脸、身体、装饰等，如图6-54所示。针对不同的人物形象和场景，用户可以选择自己喜欢的人物特效来美化素材。一般情况下，用户在添加人物特效时，需要选择带有清晰人物的视频素材或图片来操作，这样特效才能达到预期效果。

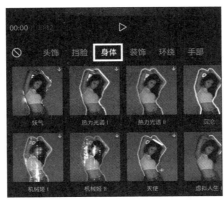
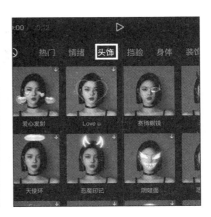

图6-54 常用的人物特效

知识补充

　　在剪映的编辑界面中，为素材添加画面特效或人物特效后，选中时间轴轨道中的特效，在打开的工具菜单栏中点击"调整参数"按钮，打开"调整参数"选项栏，在其中可以设置特效的大小、速度、数量、滤镜等参数；若点击"替换特效"按钮，在打开的特效列表中则可以重新选择其他特效应用于素材。

4．智能抠像

　　剪映中的"智能抠像"功能是指将视频素材中的人像部分抠取出来，抠取的人像可以放到新的背景中，从而制作出特殊的视频效果。智能抠像的方法为：将含有人像的素材导入剪映中，选中素材后，点击底部工具菜单栏中的"智能抠像"按钮，如图6-55所示；稍后人像将被抠取出来，效果如图6-56所示。

图6-55　点击"智能抠像"按钮

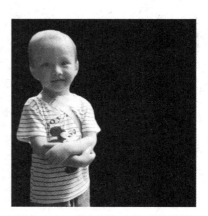

图6-56　成功抠取人像后的效果

5．美颜美体

　　如果用户想对人像的面部和身体进行一些美化处理，则可以使用剪映内置的"美颜美体"功能，轻松对人像进行美化操作，如美颜、瘦身、长腿等，从而凸显人物镜头魅力。

　　在剪映中使用"美颜美体"功能的方法为：选中导入的人像素材，然后点击底部工具菜单栏中的"美颜美体"按钮，在打开的"美颜美体"工具菜单栏中提供了"智能美颜""智能美体""手动美体"3个按钮；点击所需按钮后，在打开的选项栏中手动拖动滑块进行美颜或美体设置，完成后点击"确定"按钮，图6-57所示为应用"智能美颜"功能中"瘦脸"效果前后的对比效果。

图6-57　人像瘦脸前后的对比效果

对画面进行智能抠像

1. 对画面进行智能抠像

由于要为视频画面中的人物添加人像特效，所以在剪辑视频素材之前要先抠取出画面中的人物，下面将通过剪映中的"智能抠像"功能来实现，具体操作如下。

① 打开剪映，点击"开始创作"按钮，在"最近项目"列表中依次添加要编辑的视频素材（素材参见：素材文件\项目六\特效1.mp4、特效2.mp4）。

② 打开编辑界面，在未选中素材的状态下点击工具菜单栏中的"滤镜"按钮，在打开的"滤镜"选项栏中选择"高清"选项卡中的"鲜亮"滤镜，并将滤镜值调节为"66"，如图6-58所示，然后点击"确定"按钮。

③ 拖动滤镜所在轨道右侧的图标，使其与视频素材末尾对齐，如图6-59所示。

④ 选中后半段素材，点击底部工具菜单栏中的"复制"按钮，如图6-60所示。

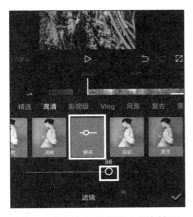
图6-58 为画面添加滤镜效果

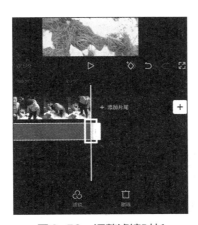
图6-59 调整滤镜时长

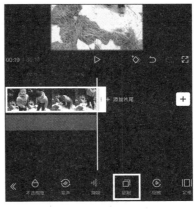
图6-60 点击"复制"按钮

⑤ 此时，复制而来的视频素材自动呈选中状态，点击底部工具菜单栏中的"切画中画"按钮，如图6-61所示。

⑥ 复制而来的视频素材将显示在第二条轨道中，移动该素材至第7s第10帧的位置，如图6-62所示。

⑦ 选中第二条轨道中的素材，点击底部工具菜单栏中的"智能抠像"按钮，如图6-63所示。稍后，编辑界面中将显示抠像进度，完成后将提示抠像成功。

知识补充 使用剪映对画面进行智能抠像时，应尽量选择人像与背景对比明显的画面，或是人像轮廓分明且清晰的画面来操作，否则很可能出现抠像不干净的现象。

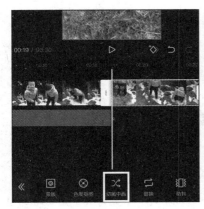
图6-61　点击"切画中画"按钮

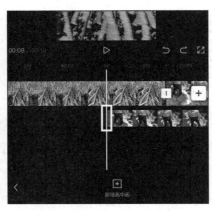
图6-62　移动第二条轨道中的素材

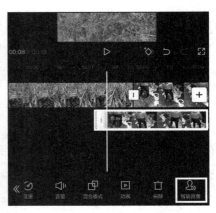
图6-63　点击"智能抠像"按钮

2. 添加音效和转场效果

微课视频
添加音效和转场效果

为了丰富视频画面，下面将添加音效和转场效果，具体操作如下。

① 将时间线定位至视频素材的起始位置，依次点击"关闭原声"按钮■和"添加音频"按钮➕，如图 6-64 所示。

② 在打开的工具菜单栏中点击"音效"按钮，如图 6-65 所示。

③ 打开"音效"列表，在"收藏"选项卡中点击第一个音效对应的"使用"按钮，如图 6-66 所示。由于"收藏"选项卡中的音效是用户自己添加的，所以每个用户的"收藏"选项卡中的选项会有所不同，若没有需要的音效，用户可在搜索框中输入音效名称进行搜索。

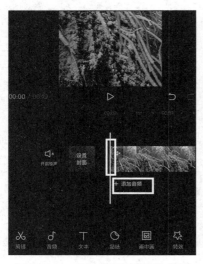
图6-64　点击"添加音频"按钮

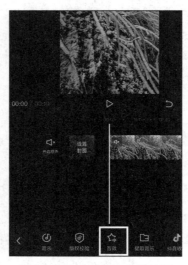
图6-65　点击"音效"按钮

图6-66　点击"使用"按钮

④ 将时间线定位至视频素材的末尾处，选中添加的音频素材，点击底部工具菜单栏中的"分割"按钮，如图 6-67 所示。

⑤ 选中分割后的音频素材，点击"删除"按钮，如图 6-68 所示。

⑥ 点击主轨道中视频素材之间的白色小方块[，如图6-69所示。

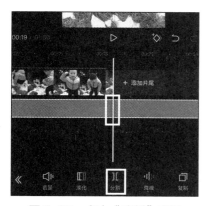

图6-67 点击"分割"按钮

图6-68 点击"删除"按钮

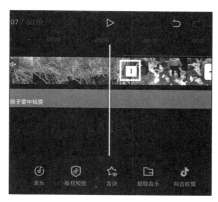

图6-69 点击白色小方块

⑦ 打开"转场"选项栏，选择"基础转场"选项卡中的"色彩溶解"选项，点击"确定"按钮，如图6-70所示。

⑧ 将时间线定位至视频素材第13s第26帧处，打开"音效"列表，点击"收藏"选项卡中"丢雪球"音效对应的"使用"按钮，如图6-71所示。

⑨ 按照相同的操作方法，继续在视频素材第17s第5帧处添加相同的音效，效果如图6-72所示。

图6-70 为视频添加基础转场

图6-71 添加"丢雪球"音效

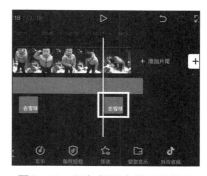

图6-72 添加相同音效后的效果

3. 添加画面特效

添加音效和转场效果后，下面将为视频画面添加"大雪纷飞"和"彩色负片"两种画面特效，具体操作如下。

微课视频

添加画面特效

① 返回编辑界面，将时间线移至视频素材的起始位置，在未选中素材的状态下点击底部工具菜单栏中的"特效"按钮，如图6-73所示。

② 打开"特效"工具菜单栏，点击"画面特效"按钮，如图6-74所示。

③ 在打开的"画面特效"列表中选择"冬日"选项卡中的"大雪纷飞"特效，然后点击"调整参数"按钮，如图6-75所示。

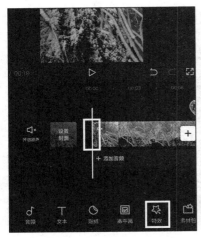

图6-73 点击"特效"按钮

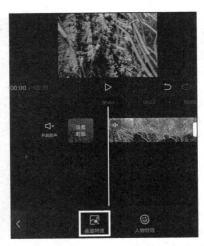

图6-74 点击"画面特效"按钮（1）

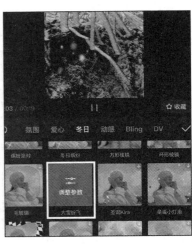

图6-75 添加"大雪纷飞"特效

4 打开"调整参数"选项栏，拖动底部的"速度"滑块，将其调节为"75"，点击"确定"按钮☑️，如图 6-76 所示。

5 此时，时间轴轨道中将显示添加的特效，拖动特效右侧的⬜图标，使其与视频素材末尾对齐，效果如图 6-77 所示。

6 将时间线定位至视频素材第 7s 第 15 帧的位置，点击底部工具菜单栏中的"画面特效"按钮🖼️，如图 6-78 所示。

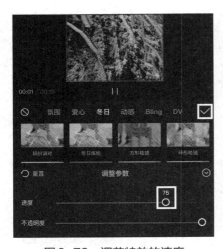

图6-76 调节特效的速度

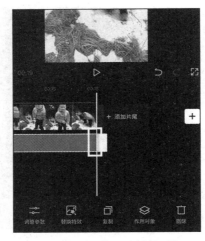

图6-77 调节画面特效时长

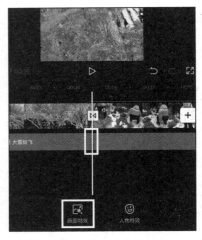

图6-78 点击"画面特效"按钮（2）

7 打开"画面特效"列表，选择"动感"选项卡中的"彩色负片"特效，点击"确定"按钮☑️，如图 6-79 所示。

8 此时，时间轴轨道中将显示添加的"彩色负片"特效，选中该特效后，点击底部工具菜单栏中的"作用对象"按钮📑，如图 6-80 所示。

9 在打开的"作用对象"选项栏中点击"画中画"按钮，点击"确定"按钮☑️，如图 6-81 所示。

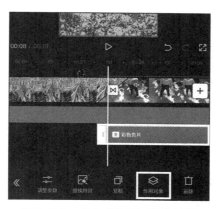

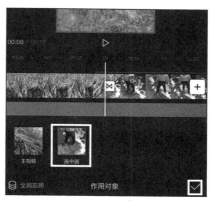

图6-79　添加"彩色负片"特效　　　　图6-80　点击"作用对象"按钮　　　　图6-81　点击"画中画"按钮

🔟 拖动"彩色负片"特效轨道右侧的▯图标，使其与视频素材末尾对齐，点击底部工具菜单栏中的"调整参数"按钮📶，如图 6-82 所示。

⑪ 在打开的"调整参数"选项栏中拖动"颜色"滑块，将其值调整为"68"，点击"确定"按钮✅，如图 6-83 所示。

⑫ 点击显示面板中的"播放"按钮▷，查看添加特效后的视频画面，如图 6-84 所示。

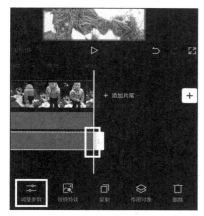

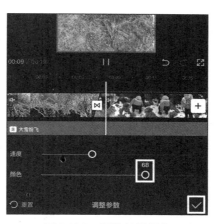

图6-82　调节特效时长　　　　　　图6-83　调整特效颜色　　　　图6-84　查看添加特效后的视频画面

4.添加人物特效

添加画面特效后，下面将为画面中的人物添加"爱心泡泡"人物特效，具体操作如下。

① 保持时间线的位置不变，点击底部工具菜单栏中的"人物特效"按钮😊，如图 6-85 所示。

② 打开"人物特效"列表，在"热门"选项卡中选择"爱心泡泡"特效，点击"调整参数"按钮，如图 6-86 所示。

③ 打开"调整参数"选项栏，分别将"大小""垂直位移""水平位移""速度"4项参数值调整为"25""31""34""51"，点击"确定"按钮✅，如图 6-87 所示。

图6-85　点击"人物特效"按钮

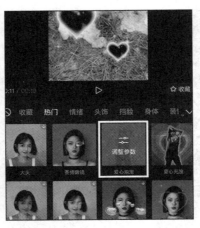
图6-86　添加"爱心泡泡"特效

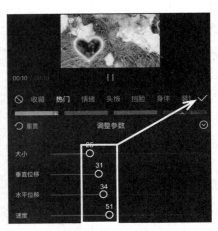
图6-87　调整特效参数

④ 调节"爱心泡泡"特效轨道右侧的▯图标，使其与视频素材末尾对齐，如图 6-88 所示。

⑤ 将时间线定位至视频素材第 17s 第 15 帧处，依次拖动▯图标，将视频素材、画面特效、人物特效末端均调整至此，如图 6-89 所示。

⑥ 依次点击"返回"按钮《，在工具菜单栏中点击"画中画"按钮▣。选中画中画视频轨道，调整其时长，效果如图 6-90 所示。导出视频文件（效果参见：效果文件\项目六\特效的应用 .mp4）。

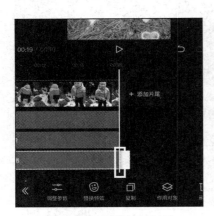
图6-88　调整特效时长

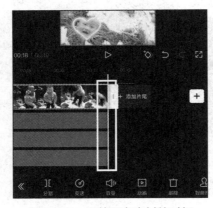
图6-89　调整所有素材的时长

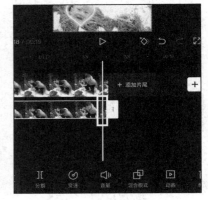
图6-90　调整画中画时长

实训一　制作画面融合效果

【实训要求】

将两段视频画面进行重叠放映，会让整个短视频充满回忆感。下面将把两段不同场景的视频素材进行融合处理。本实训将重点练习蒙版使用、关键帧添加、不透明度设置。

【实训思路】

　　本实训主要以体现回忆感为主，因此可选择轻音乐作为背景音乐，并通过蒙版来实现画面融合效果。先准备好要剪辑的素材文件，然后对素材进行编辑，包括使用"画中画"功能、使用"爱心"蒙版、调节不透明度等，操作思路如图 6-91 所示。

微课视频

实训一

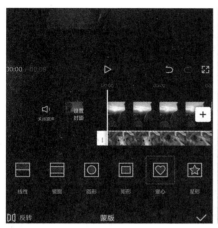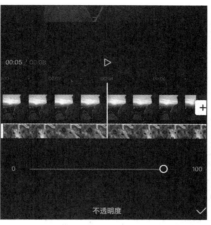

图6-91　制作画面融合效果的操作思路

【步骤提示】

　　❶ 打开剪映，在主界面中点击"开始创作"按钮，导入要剪辑的素材文件（素材参见：素材文件 \ 项目六 \ 画面融合 1.mp4）。

　　❷ 点击"画中画"按钮▣，在打开的"画中画"工具菜单栏中点击"新增画中画"按钮▣，选择画中画素材（素材参见：素材文件 \ 项目六 \ 画面融合 2.mp4），将其缩小并移至画面左上角。

　　❸ 选中画中画素材，点击"蒙版"按钮▣，在打开的"蒙版"选项栏中点击"爱心"按钮♡，移动蒙版并调整画面显示区域后，按住并拖动"羽化"按钮▩，进行羽化设置。

　　❹ 在视频素材开始位置添加一个关键帧，并将画中画的"不透明度"设置为"0"，继续在视频的第 4s 处添加关键帧，并将画中画的"不透明度"设置为"90"。

　　❺ 为视频素材添加背景音乐，并将音乐时长调整为"7s"，导出视频（效果参见：效果文件 \ 项目六 \ 画面融合效果 .mp4）。

实训二　打造梦幻海景效果

【实训要求】

　　下面将使用剪映制作一段具有梦幻海景效果的短视频，进一步熟悉特效的添加与编辑方法。

【实训思路】

本实训将运用画中画、特效、蒙版等相关知识进行操作。打开剪映后，将待剪辑的视频素材添加到操作面板中，然后添加画中画素材，并对画中画素材进行裁剪、移动和添加"线性"蒙版等操作，最后添加"金粉Ⅱ"和"动感荧光"特效，操作思路如图 6-92 所示。

微课视频
实训二

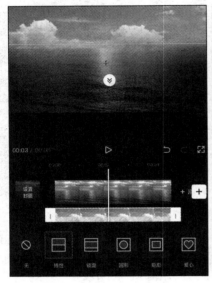

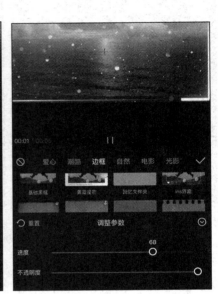

图6-92　打造梦幻海景效果的操作思路

【步骤提示】

❶ 打开剪映，添加"海景 1.mp4"视频素材（素材参见：素材文件 \ 项目六 \ 海景 1.mp4），点击"画中画"按钮 🖼，添加另一段素材（素材参见：素材文件 \ 项目六 \ 海景 2.mp4）。

❷ 将画中画素材适当放大后，裁剪视频画面下半部分，点击"蒙版"按钮 ◉，为画中画素材添加"线性"蒙版，并调整羽化值。

❸ 将时间线移至视频素材的起始位置，在未选中素材的状态下，点击"特效"按钮 ✨，为画面添加"金粉"选项卡中的"金粉Ⅱ"画面特效，并将"速度值"调整为"77"。

❹ 为视频素材添加"边框"选项卡中的"动感荧光"画面特效，并将"速度值"调整为"68"，以 1080P 分辨率导出视频文件（效果参见：效果文件 \ 项目六 \ 梦幻海景效果 .mp4）。

课后练习

练习1：画面局部马赛克处理

在剪映主界面点击"开始创作"按钮，添加视频素材（素材参见：素材文件 \ 项目六 \

马赛克特效 .mp4）到时间轴轨道中，为画面添加"基础"选项卡中的"马赛克"特效。为画中画添加相同的视频，并调整画面大小，为画中画视频添加"圆形"蒙版，点击"反转"按钮后，调整蒙版大小和位置，使其覆盖画面中的人物。导出视频查看效果，如图 6-93 所示（效果参见：效果文件 \ 项目六 \ 马赛克特效 .mp4）。

练习2：制作日落短视频

　　尝试使用剪映对手机中保存的日落视频素材（素材参见：素材文件 \ 项目六 \ 日落1.mp4、日落 2.mp4）进行剪辑，涉及的剪辑操作包括导入手机中保存的素材、使用"画中画"功能、使用"镜面"蒙版的"反转"效果、添加关键帧等，效果如图 6-94 所示（效果参见：效果文件 \ 项目六 \ 日落视频 .mp4）。

图6-93　画面局部马赛克处理效果　　　　　　图6-94　日落短视频效果

技能提升

1．使用蒙版制作背景阴影

　　在剪映中使用蒙版的情况很多，如制作拼图、制作背景阴影、制作分屏效果等。下面主要介绍使用"矩形"蒙版为图片或视频制作背景阴影的思路。

　　使用蒙版制作背景阴影的方法为：打开剪映，导入一个白色背景素材；利用"画中画"功能在第二个轨道中导入黑色背景素材，在第三个轨道中导入图片或视频素材；选中第三个轨道中的素材文件后，点击"蒙版"按钮▣，为其应用"矩形"蒙版效果，并调整显示区域的大小和圆角效果；按照相同的操作继续为第二个轨道中的黑色素材添加

"矩形"蒙版，调整蒙版大小、位置、圆角度及羽化值，如图 6-95 所示，完成后的最终效果如图 6-96 所示。

图6-95　添加并调整"矩形"蒙版

图6-96　背景阴影效果

2. 使用分屏特效

由于竖屏短视频比横屏短视频更符合人们在手机上的观看习惯，因此，对于一些拍摄的横屏素材往往需要将其转换为竖屏，但转换后视频素材周围会出现黑边，且不能全面展示画面内容与特效。对此，用户可以使用剪映中画面特效的"分屏"效果来处理，其具体方法为：在剪映中导入要编辑的素材，将素材比例调整为 9∶16；点击底部工具菜单栏中的"特效"按钮，在打开的"特效"工具菜单栏中点击"画面特效"按钮，打开"画面特效"列表，在其中选择需要的分屏效果，图 6-97 所示为使用分屏特效前后的对比效果。

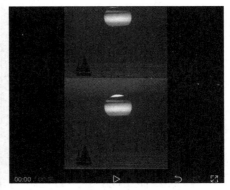

图6-97　使用分屏特效前后的对比效果

项目七

锦上添花——添加片头和片尾

情景导入

老洪：米拉，你进公司也快一个月了，从这段时间的工作来看，整体表现不错，但有些问题还需要注意，如短视频的开始和结尾过于突然、画面之间的衔接不顺畅等。

米拉：好的，在以后的工作中我会尽量避免出现这些问题。

老洪：实际上，视频剪辑工作就是一个不断发现问题，并及时解决问题的过程。只要多练、多学，你的剪辑能力一定会有所提升。针对刚才提到的问题，我建议你为短视频添加片头和片尾，适当的片头和片尾是对视频内容的"引申"和"延续"，可以让整个作品更加完整和顺畅。

米拉：我记住了，谢谢您的提醒。

学习目标

- 掌握素材库中片头的添加方法
- 熟悉自定义片头的操作
- 掌握素材库中片尾的添加方法
- 熟悉自定义片尾的操作

技能目标

- 能够利用素材库快速制作出片头和片尾
- 能够制作出个性化的片头和片尾

任务一　　制作"旅游"短视频片头

在短视频剪辑过程中，除了给视频调色，添加滤镜、特效、音频、字幕外，制作片头也十分重要，好的片头能够在第一时间吸引观看者的目光。下面将通过制作"旅游"短视频片头来讲解片头制作的相关操作。

任务目标

米拉本次要剪辑的是一个旅游类短视频作品，整体剪辑工作已基本完成，现在需要为短视频添加一个片头和文本内容，其目的是吸引观看者，激发观看者继续观看作品的兴趣，片头制作好后的效果如图7-1所示。通过制作该短视频片头，米拉进一步熟悉了添加文本、特效、音乐的相关操作。

微课视频

效果预览

图7-1　"旅游"短视频片头效果

相关知识

1. 使用素材库中的片头

剪映的素材库中提供了几十种不同样式的片头，这些片头绝大部分都是由文字和背景图片构成的，并配以简单音频和特效。使用素材库中片头的方法很简单，首先导入要编辑的视频素材，点击操作面板中的"添加"按钮⊞，如图7-2所示；然后在打开的界面中点击"素材库"选项卡，在打开的"素材库"列表中点击"片头"选项卡，查看不同样式的片头，如图7-3所示；最后点击所需片头样式后，点击"添加"按钮，为素材添加片头。

图7-2　点击"添加"按钮

图7-3　素材库中的片头样式

2. 自定义片头

自定义片头，顾名思义就是用户根据视频内容，自行创作一个美观的、能引起观看者兴趣的片头。自定义片头主要用于在视频开头的几秒迅速抓住观看者的好奇心，并吸引观看者继续往下看。

一般情况下，短视频片头主要由文本、背景、动画、音频等组成，如图7-4所示。用户在自定义短视频片头时，可以按以下思路来创作。首先选择一个合适的背景图片（也可以是素材库中的白底或黑底背景），然后添加文本并对其进行动态处理，最后添加开幕特效和音频。

图7-4　自定义片头效果

职业素养

片头有时会对短视频起到画龙点睛的作用，好的片头应具有精彩的视觉效果、有感染力的画面，在短短几秒内就能迅速吸引观看者。但用户千万不能为了博取观看者注意力，就在片头中制作一些具有争议性、夸大其词、带有虚假宣传等信息的内容。

任务实施

1. 制作并导出文本素材

在短视频中，片头表达形式多样，其中以文字片头居多。下面将创建一个文本素材，以便制作文字开幕效果片头，具体操作如下。

1 打开剪映，点击"开始创作"按钮，打开"素材库"列表，点击"热门"选项卡中的黑底素材，如图 7-5 所示，点击右下角的"添加"按钮。

2 进入编辑界面，在工具菜单栏中点击"文本"按钮**T**，如图 7-6 所示。

3 在打开的"文本"工具菜单栏中点击"新建文本"按钮**A+**，如图 7-7 所示。

图7-5 导入黑底素材

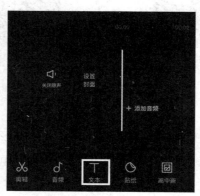
图7-6 点击"文本"按钮

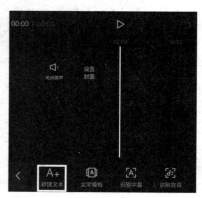
图7-7 点击"新建文本"按钮

4 在打开的文字编辑界面中输入文本"旅行日记"，在"字体"选项卡中选择"温柔体"选项，如图 7-8 所示。

5 点击"样式"选项卡，点击"排列"按钮，并将"字号"调节为"55"，如图 7-9 所示。

6 点击"花字"选项卡，在显示的列表中选择图 7-10 所示的样式。

图7-8 设置字体

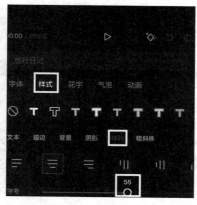
图7-9 设置字号

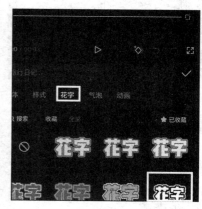
图7-10 选择花字样式

⑦ 点击"动画"选项卡，在"入场动画"列表中点击"水平翻转"按钮，并将动画时长调节为"1.0s"，点击"确定"按钮☑，如图 7-11 所示。

⑧ 点击编辑界面右上角的"导出"按钮，如图 7-12 所示，导出制作好的文本素材。

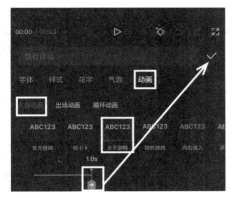

图 7-11 为文本添加入场动画

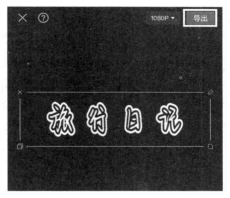

图 7-12 导出文本素材

2. 导入并编辑素材文件

一个内容精彩的短视频离不开一个优质的片头。下面将为视频素材添加一个开幕效果片头，具体操作如下。

微课视频

导入并编辑素材文件

① 打开剪映，点击"开始创作"按钮，导入要编辑的素材文件（素材参见：素材文件 \ 项目七 \ 旅游短视频片头 .mp4），在未选中素材的状态下点击底部工具菜单栏中的"画中画"按钮◫，如图 7-13 所示。

② 在打开的"画中画"选项栏中点击"新增画中画"按钮⊞，如图 7-14 所示。

③ 打开"视频"列表，选中之前导出的文本素材，如图 7-15 所示，点击"添加"按钮。

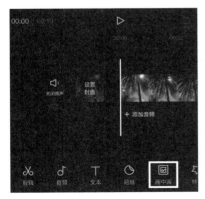

图 7-13 点击"画中画"按钮

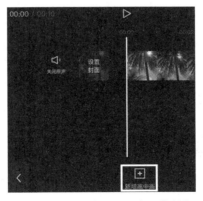

图 7-14 点击"新增画中画"按钮

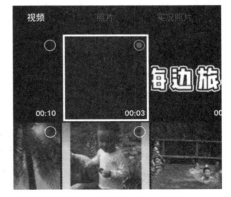

图 7-15 添加文本素材

④ 放大画中画素材，使其与视频素材大小一致，在时间轴轨道中选中画中画素材，点击底部工具菜单栏中的"混合模式"按钮⊡，如图 7-16 所示。

5 在打开的"混合模式"选项栏中选择"变暗"选项，点击"确定"按钮☑️，如图 7-17 所示。

6 返回编辑界面，点击底部工具菜单栏中的"蒙版"按钮◎，如图 7-18 所示。

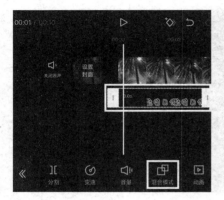
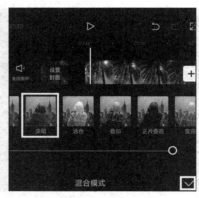
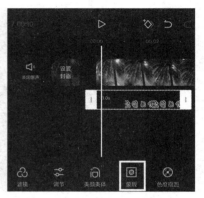

图7-16　点击"混合模式"按钮　　　图7-17　选择混合模式　　　图7-18　点击"蒙版"按钮

7 在打开的"蒙版"选项栏中点击"线性"按钮▬，如图 7-19 所示，点击"确定"按钮☑️。

8 返回编辑界面，点击底部工具菜单栏中的"复制"按钮▥，如图 7-20 所示。

9 选中复制后的画中画素材，将其拖动至第三条轨道中，并对齐视频素材的起始位置，如图 7-21 所示。

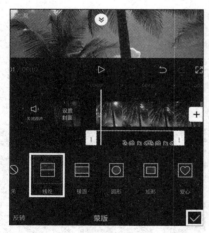

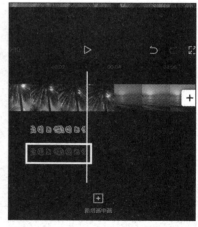

图7-19　点击"线性"按钮　　　图7-20　点击"复制"按钮　　　图7-21　复制画中画素材

10 选中复制后的画中画素材，点击底部工具菜单栏中的"蒙版"按钮◎，如图 7-22 所示。

11 打开"蒙版"选项栏，点击"线性"按钮▬后，点击左下角的"反转"按钮▥，点击"确定"按钮☑️，如图 7-23 所示。

12 将时间线定位至视频素材第 20 帧处，选中第二条轨道中的素材，点击"关键帧"按钮◇，增加一个关键帧。按照相同的操作方法，为第三条轨道中的素材也添加一个关键帧，效果如图 7-24 所示。

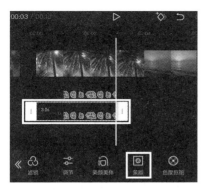
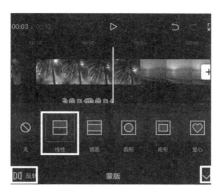
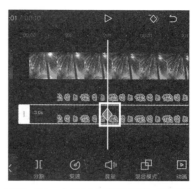

图7-22　点击"蒙版"按钮　　　图7-23　点击"线性"按钮　　　图7-24　为画中画素材添加关键帧

⑬ 将时间线定位至视频素材第 2s 处，分别为第二条和第三条轨道中的画中画素材添加一个关键帧，效果如图 7-25 所示。

⑭ 保持时间线位置不变，在时间轴轨道中选中第二条轨道中的画中画素材，在显示面板中将画中画素材向上移动，如图 7-26 所示，直至画中画素材消失在主轨道画面中。

⑮ 按照相同的操作方法，在显示面板中将第三条轨道中的画中画素材向下移动，如图 7-27 所示，直至其消失在主轨道画面中。

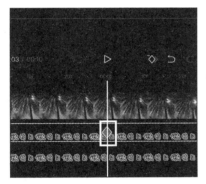
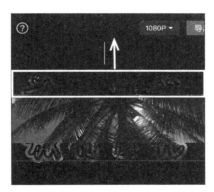

图7-25　添加关键帧　　　　图7-26　将画中画素材向上移动　　　图7-27　将画中画素材向下移动

3．添加文本

制作好简单的片头后，下面将为视频素材添加相应的文本内容，具体操作如下。

① 在未选中素材的状态下点击底部工具菜单栏中的"文本"按钮，如图 7-28 所示。

② 在打开的"文本"工具菜单栏中点击"文字模板"按钮，打开"文字模板"列表，点击"片头标题"选项卡，在打开的列表中选择图 7-29 所示的文字模板，点击"确定"按钮。

③ 在显示面板中点击添加的文字模板，输入新的文本"椰树"，如图 7-30 所示。

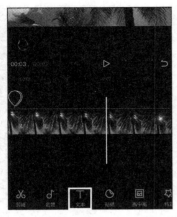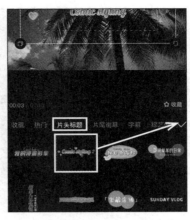

图7-28　点击"文本"按钮　　　　图7-29　选择文字模板　　　　图7-30　重新编辑文本内容

④　选中文本素材后，向左拖动素材右侧的▯图标，使其对准视频素材第3s第15帧处，效果如图7-31所示。

⑤　复制文本素材，并将复制而来的文本素材移至视频素材第4s第10帧处，如图7-32所示。

⑥　在显示面板中点击复制而来的文本素材，将文本内容更改为"海风"，如图7-33所示。

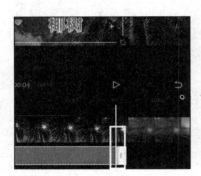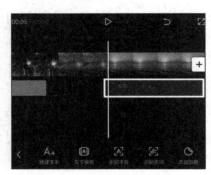

图7-31　缩短文本素材时长　　　　图7-32　移动文本素材（1）　　　　图7-33　更改文本内容（1）

⑦　复制文本素材"海风"，并将复制而来的文本素材移至视频素材第7s处，如图7-34所示。

⑧　将复制而来的文本素材的文本内容更改为"迷人的你"，如图7-35所示，然后向右拖动素材右侧的▯图标，使其与视频素材末端对齐。

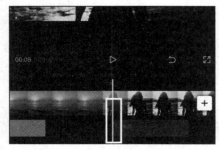

图7-34　移动文本素材（2）　　　　　　图7-35　更改文本内容（2）

4. 添加特效

单一的画面看起来略显枯燥，为了让视频画面更加丰富和更具动感，用户可以为其添加一些特效。下面将为视频画面添加边框样式的特效，具体操作如下。

微课视频
添加特效

① 将时间线定位至视频素材第 2s 处，在未选中素材的状态下点击工具菜单栏中的"特效"按钮❂，如图 7-36 所示。

② 在打开的"特效"工具菜单栏中点击"画面特效"按钮▦，如图 7-37 所示。

③ 打开"画面特效"选项栏，在"边框"选项卡中选择"手绘拍摄器"特效，点击"确定"按钮✔，如图 7-38 所示。

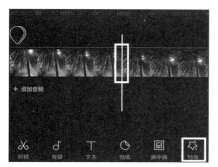
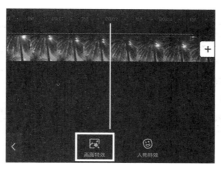

图7-36 点击"特效"按钮　　图7-37 点击"画面特效"按钮（1）　　图7-38 选择边框特效

④ 返回编辑界面，将特效时长调整至与视频素材时长一致，效果如图 7-39 所示。

⑤ 将时间线定位至视频素材第 6s 第 25 帧处，点击"返回"按钮◀，然后点击底部工具菜单栏中的"画面特效"按钮▦，如图 7-40 所示。

⑥ 在打开的"画面特效"列表中选择"基础"选项卡中的"爱心边框"特效，如图 7-41 所示。

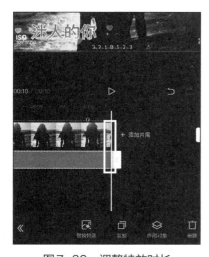
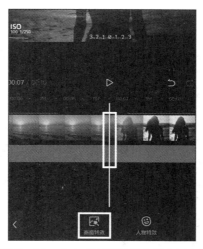

图7-39 调整特效时长　　图7-40 点击"画面特效"按钮（2）　　图7-41 选择"爱心边框"特效

⑦ 点击"爱心边框"特效中的"调整参数"按钮，在打开的"调整参数"选项栏中将"颜色"参数值设置为"43"，将"垂直位移"参数值设置为"48"，点击"确定"按钮 ✓，如图 7-42 所示。

⑧ 拖动"爱心边框"特效右侧的 ▯ 图标，将"爱心边框"特效时长调整为与视频素材时长一致，效果如图 7-43 所示。

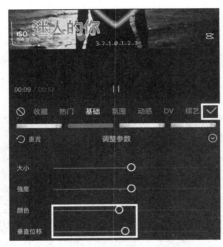

图7-42　设置"爱心边框"特效的参数

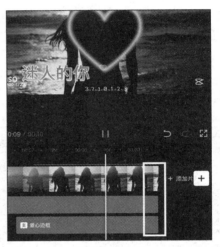

图7-43　调整"爱心边框"特效时长

微课视频

添加音频并导出文件

5. 添加音频并导出文件

成功美化视频画面后，下面将添加合适的音乐并导出文件，具体操作如下。

① 将时间线定位至视频素材开始位置，点击"音频"按钮 ♬，如图 7-44 所示。

② 在打开的"音频"工具菜单栏中点击"音乐"按钮 ♫，在打开的音乐素材库中选择所需音乐，这里点击图 7-45 所示的音频对应的"使用"按钮。

③ 选中音频轨道，点击底部工具菜单栏中的"变速"按钮 ⊙，如图 7-46 所示。

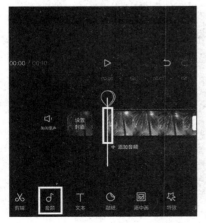

图7-44　点击"音频"按钮

图7-45　点击"使用"按钮

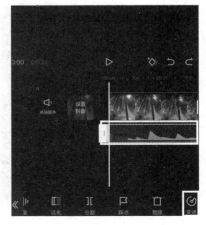

图7-46　点击"变速"按钮

④ 打开"变速"选项栏，将音频播放速度调整为"0.5×"，然后点击"确定"按钮 ✓，如图7-47所示。

⑤ 将时间线移至视频素材第9s第15帧处，点击底部工具菜单栏中的"分割"按钮 ⫴，如图7-48所示。

⑥ 选中分割后的音频素材，点击底部工具菜单栏中的"删除"按钮 ⫟，如图7-49所示。

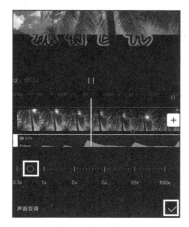
图7-47 调慢音频播放速度

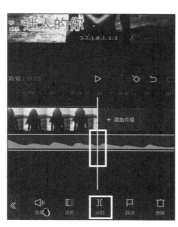
图7-48 点击"分割"按钮

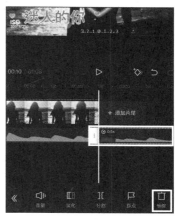
图7-49 点击"删除"按钮

⑦ 保持音频素材的选中状态，点击底部工具菜单栏中的"踩点"按钮 ⚑，如图7-50所示。

⑧ 在打开的"踩点"选项栏中点击"自动踩点"按钮，然后点击"踩旋律"按钮，再点击"确定"按钮 ✓，如图7-51所示。

⑨ 选中音频素材，点击底部工具菜单栏中的"淡化"按钮 ⫼，如图7-52所示。

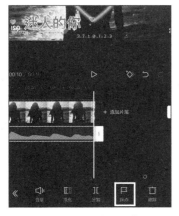
图7-50 点击"踩点"按钮

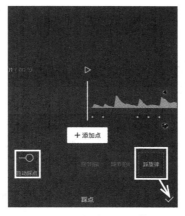
图7-51 点击"踩旋律"按钮

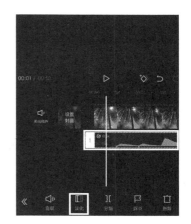
图7-52 点击"淡化"按钮

⑩ 在打开的"淡化"选项栏中将"淡出时长"调整为"0.6s"，点击"确定"按钮 ✓，如图7-53所示。

⑪ 点击编辑界面右上角的"导出"按钮，导出文件，如图7-54所示（效果参见：效果文件\项目七\旅游短视频片头.mp4）。

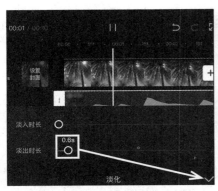

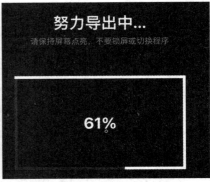

图7-53　调整音频淡出时长   图7-54　导出短视频文件

任务二　为"城市夜景"短视频添加片尾

在剪辑短视频时，除了为短视频增加一个颇具吸引力的片头外，制作一个好的片尾也是必不可少的。一个好的短视频片尾能够起到升华短视频主题，并吸引观看者关注短视频所属账号的作用。

任务目标

为了提升宣传效果，老洪让米拉制作完短视频后，在短视频末尾处添加一个片尾，以提升品牌认知和短视频关注度。本次米拉制作的是关于城市夜景的短视频，除了为短视频添加滤镜和进行调色外，添加文本也必不可少。分析了该短视频内容后，米拉打算采用剪映自带的片尾素材进行剪辑，最终效果如图 7-55 所示。

微课视频

效果预览

图7-55　"城市夜景"短视频片尾效果

相关知识

1. 使用素材库中的片尾

剪映的素材库提供了几十种不同样式的片尾，这些片尾绝大部分由文字和背景图片构成，并配以简单的动画和音效。使用素材库中片尾的方法与使用片头的方法类似，首先在剪映中导入要编辑的视频素材，将时间线定位至视频素材中添加片尾的位置；然后点击操作面板中的"添加"按钮⊞，如图 7-56 所示；在打开的"素材库"列表中点击"片尾"选项卡，查看不同样式的片尾，如图 7-57 所示；选择所需片尾样式后，再点击"添加"按钮，为素材添加片尾，如图 7-58 所示。

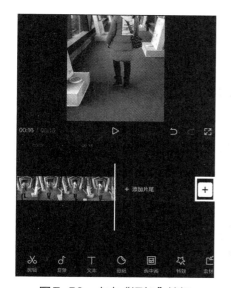

图7-56　点击"添加"按钮

图7-57　素材库中的片尾样式

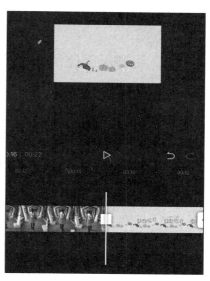

图7-58　添加片尾后的效果

2. 自定义片尾

自定义片尾是指在视频素材末尾处添加一些能够吸引观看者关注的信息，一般以文字结尾为主。自定义片尾主要有以下两种方法。

● **直接添加片尾**。直接添加片尾的方法很简单，剪辑好视频素材后，将时间线定位至主视频素材末尾处；点击"添加片尾"按钮，为视频素材添加片尾后，点击预览区中的文字，可以重新修改文字内容，效果如图 7-59 所示。

● **个性化设置片尾**。如果对剪映提供的片尾效果不满意，用户可以进行个性化设置，包括添加视频、文本、音效、贴纸等，其设置方法与视频剪辑操作类似，图 7-60 所示即自定义片尾的效果，其中包含画中画、蒙版、文本和贴纸。

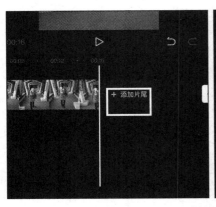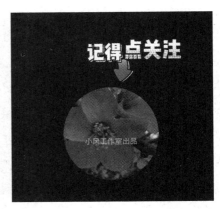

图7-59　直接添加片尾的效果　　　　　　　　　　　　　　图7-60　个性化设置片尾的效果

 任务实施

微课视频

调节画面比例和背景

1. 调节画面比例和背景

为视频添加滤镜效果可以达到美化画面的目的，下面将先为视频素材添加影视级滤镜，再设置画面比例和背景，具体操作如下。

❶ 打开剪映，点击"开始创作"按钮，在"最近项目"列表中添加要编辑的视频素材（素材参见：素材文件\项目七\城市夜景片尾.mp4）。

❷ 打开编辑界面，在未选中素材的状态下点击工具菜单栏中的"滤镜"按钮 ，如图7-61所示。

❸ 在"滤镜"工具菜单栏中点击"新增滤镜"按钮 ，在打开的"滤镜"选项栏中选择"影视级"选项卡中的"高饱和"滤镜，点击"确定"按钮 ，如图7-62所示。

❹ 拖动滤镜素材右侧的 图标，将滤镜时长调整至与视频素材时长一致，效果如图7-63所示。

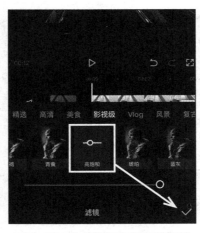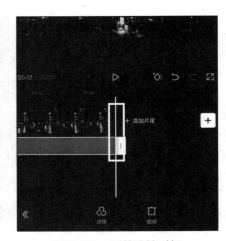

图7-61　点击"滤镜"按钮　　　　图7-62　为视频添加影视级滤镜　　　　图7-63　调整滤镜时长

⑤ 点击"返回"按钮◀，在未选中素材的状态下点击工具菜单栏中的"比例"按钮
□，如图 7-64 所示。

⑥ 在打开的"比例"选项栏中选择"9∶16"选项，如图 7-65 所示。

⑦ 点击"返回"按钮◀，点击底部工具菜单栏中的"背景"按钮▨，如图 7-66 所示。

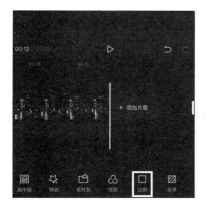
图7-64 点击"比例"按钮

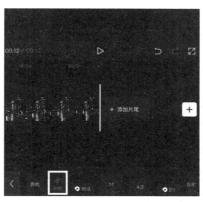
图7-65 选择"9∶16"选项

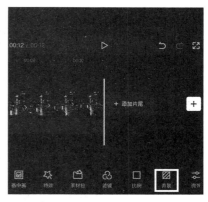
图7-66 点击"背景"按钮

⑧ 在打开的"背景"工具菜单栏中点击"画布颜色"按钮◈，如图 7-67 所示。

⑨ 在打开的"画布颜色"选项栏中选择图 7-68 所示的颜色，依次点击"全局应用"
按钮⬛和"确定"按钮☑。

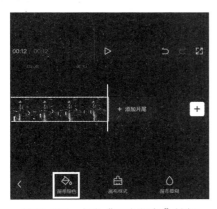
图7-67 点击"画布颜色"按钮

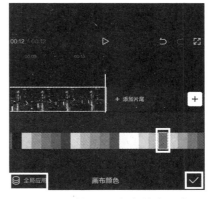
图7-68 选择画面颜色并全局应用

知识补充

在短视频中展示各种物品和风景时，通常都会添加滤镜。滤镜不仅可以使视频画面更具吸引力，还能提升观看者的视觉体验，从而吸引更多人来观看。

2．添加文本

在视频素材中添加相应的文本后，能够让观看者更好地理解视频画面想要表达的内容。下面将为视频素材添加文字模板和花字样式的文本内容，具体操作如下。

①　将时间线定位至视频素材的起始位置，在未选中素材的状态下点击底部工具菜单栏中的"文本"按钮 T，如图7-69所示。

②　在打开的"文本"工具菜单栏中点击"文字模板"按钮 A，如图7-70所示。

③　打开"文字模板"列表，在"片头标题"选项卡中选择"小城故事"对应的选项，点击预览区中的文字模板，修改文本内容，效果如图7-71所示，完成后点击"确定"按钮 ✓。

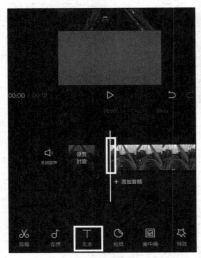

图7-69　点击"文本"按钮

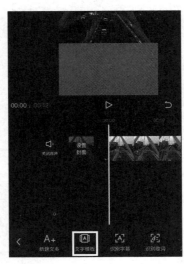

图7-70　点击"文字模板"按钮

图7-71　修改文本内容

④　拖动文字模板所在轨道右侧的 █ 图标，将文字模板时长调节为与视频素材时长一致，效果如图7-72所示。

⑤　返回编辑界面，点击"新建文本"按钮 A+，打开"新建文本"选项栏，在"花字"选项卡中选择图7-73所示的样式。

⑥　输入文本"悦来篇"后，点击"动画"选项卡，然后选择"入场动画"列表中的"逐字显影"动画，并将动画时长调节为"1.1s"，如图7-74所示。

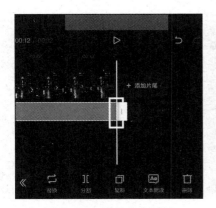

图7-72　调节文本时长

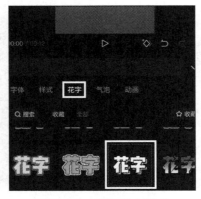

图7-73　选择花字样式

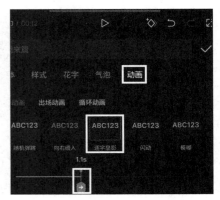

图7-74　为文本添加入场动画

⑦ 点击"样式"选项卡，拖动滑块将"字号"调节为"54"，"字间距"调节为"13"，点击"确定"按钮✓，如图7-75所示。

⑧ 拖动第三条轨道中文本素材右侧的▯图标，将文本时长调整为第4s 15帧，如图7-76所示。

⑨ 将时间线定位至视频素材第4s第16帧处，在未选中素材的状态下，点击底部工具菜单栏中的"新建文本"按钮 A+，如图7-77所示。

图7-75 设置文本样式

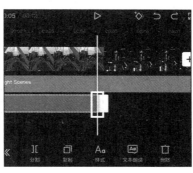
图7-76 调节文本时长（1）

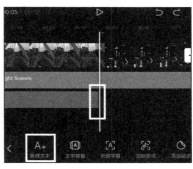
图7-77 点击"新建文本"按钮

⑩ 在打开的输入文字界面中输入文本"万家灯火，夜好美"，如图7-78所示。

⑪ 点击"样式"选项卡，选择"排列"选项，将字号调节为"38"，点击"确定"按钮✓，如图7-79所示。

⑫ 拖动新添加的文本素材右侧的▯图标，将新添加的文本时长调节为与视频素材时长一致，效果如图7-80所示。

图7-78 输入文本内容

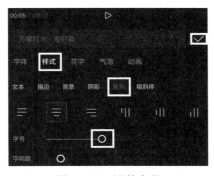
图7-79 调节字号

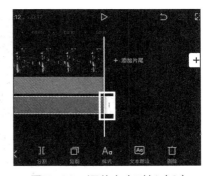
图7-80 调节文本时长（2）

3. 添加"卡点"音乐

音乐可以增添短视频的魅力，下面将为视频素材添加"卡点"音乐，让音乐与画面之间存在一定的联动性，具体操作如下。

① 将时间线定位至视频素材的起始位置，在未选中素材的状态下，点击底部工具菜单栏中的"音频"按钮 ♪，如图7-81所示。

微课视频
添加"卡点"音乐

②在打开的"音频"工具菜单栏中点击"音乐"按钮，打开音乐素材库，点击"卡点"按钮，如图 7-82 所示。

③在打开的"卡点"音乐库中点击图 7-83 所示的音乐对应的"使用"按钮。

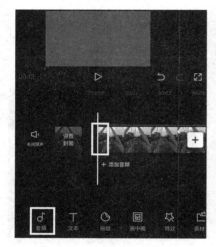
图 7-81　点击"音频"按钮

图 7-82　点击"卡点"按钮

图 7-83　点击"使用"按钮

④选中音频素材，将时间线定位至视频素材的末尾处，依次点击底部工具菜单栏中的"分割"按钮和"删除"按钮，如图 7-84 所示。

⑤保持音频素材的选中状态，点击工具菜单栏中的"淡化"按钮，如图 7-85 所示。

⑥在打开的"淡化"选项栏中将"淡出时长"调节为"1.2s"，然后点击"确定"按钮，如图 7-86 所示。

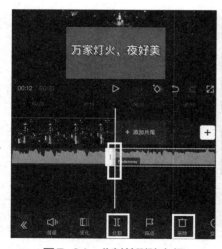
图 7-84　分割并删除音频

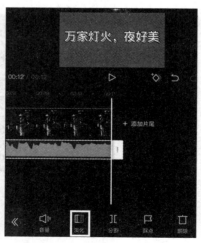
图 7-85　点击"淡化"按钮

图 7-86　调节音频的淡出时长

4. 添加素材库中的片尾

完成视频素材的剪辑操作后，下面将为视频素材添加剪映素材库中的片尾，并导出文件，具体操作如下。

微课视频

添加素材库中的
片尾

① 在未选中素材的状态下，点击操作面板中的"添加"按钮⊞，如图 7-87 所示。

② 在打开的"素材库"列表中点击"片尾"选项卡，选择图 7-88 所示的片尾样式，点击"添加"按钮。

③ 此时，片尾视频将添加到原视频素材之后，点击底部工具菜单栏中的"贴纸"按钮◐，如图 7-89 所示。

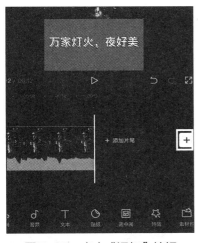
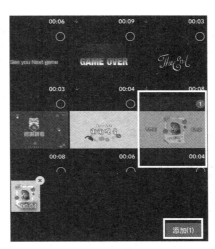
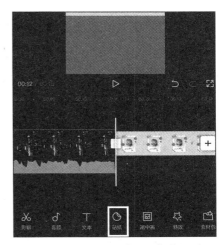

图 7-87 点击"添加"按钮　　图 7-88 选择要添加的片尾样式　　图 7-89 点击"贴纸"按钮

④ 打开"贴纸"列表，在"热门"选项卡中选择图 7-90 所示的贴纸样式，然后点击"确定"按钮✓。

⑤ 在预览区中拖动贴纸右下角的⊡按钮，适当放大贴纸，并调整贴纸的显示位置，效果如图 7-91 所示。

⑥ 点击"返回"按钮《，在工具菜单栏中点击"新建文本"按钮A+，如图 7-92 所示。

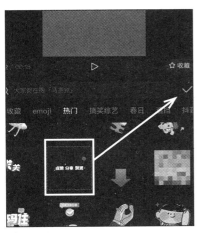

图 7-90 选择贴纸样式　　图 7-91 调整贴纸的大小和显示位置　　图 7-92 点击"新建文本"按钮

知识补充　　在剪映中添加素材库中的片头或片尾视频后，该视频中的文本内容是不能更改的，但可以对视频进行简单的编辑操作，如分割、变速、添加动画、添加滤镜、添加蒙版、调节音量等。

❼ 输入文本内容"春淼工作室出品"，并适当调整文本的大小和位置，效果如图 7-93 所示，点击"确定"按钮✅。

❽ 将添加的文本素材时长调节为与片尾时长一致，效果如图 7-94 所示。

❾ 点击"导出"按钮，导出剪辑好的短视频，如图 7-95 所示（效果参见：效果文件\项目七\城市夜景片尾.mp4）。

图 7-93　输入文本内容

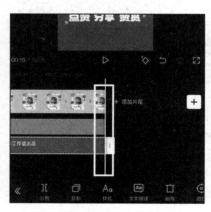
图 7-94　调节文本素材时长

图 7-95　导出短视频

职业素养　　片头和片尾在一定程度上确实可以为短视频加分，但如果使用不当，就会适得其反。因此，用户在制作片头或片尾时，一定要体现美学、追求创新，只有这样才能真正为短视频添彩。

实训一　制作倒计时片头

【实训要求】

在剪辑一些喜庆或重要场合的短视频时，常常会为其添加一个倒计时片头。下面将为迎接新年的短视频添加一个倒计时片头。本实训将重点练习文本、画中画、混合模式的设置方法。

【实训思路】

本实训片头主要用于提醒新年的到来，所以会通过数字倒计时的方式

微课视频

实训一

来设置片头内容。在操作时，可以先添加黑底素材，然后输入文本内容，并对其进行编辑和导出，再导入视频素材，并以画中画的方式对其进行变暗设置，操作思路如图7-96所示。

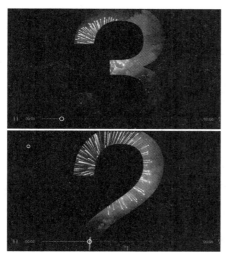

图7-96　制作倒计时片头的操作思路

【步骤提示】

❶ 打开剪映，在主界面中点击"开始创作"按钮，导入素材库中的黑底素材，输入文本"3"，并将文本字号调至最大，设置"放大"入场动画，文本时长为"1s"。

❷ 复制两个相同的文本素材，并将文本分别更改为"2"和"1"，将复制而来的文本拖动至主轨道中，并添加倒计时音效，完成后导出文本素材。

❸ 点击"开始创作"按钮，导入视频素材（素材参见：素材文件\项目七\过年啦.mp4），利用画中画导入制作好的文本素材。

❹ 将文本素材的"混合模式"设置为"变暗"，导出短视频（效果参见：效果文件\项目七\过年啦.mp4）。

实训二　制作 Vlog 片尾

【实训要求】

下面将为 Vlog 短视频添加一个片尾，进一步熟悉使用剪映为不同风格短视频制作片尾的相关操作。

【实训思路】

本实训将运用新建文本、关键帧、直接添加片尾等知识进行操作。打开剪映后，先添加要剪辑的视频素材，然后添加字幕内容，并通过关键帧

微课视频

实训二

实现字幕的移动效果，最后点击"添加片尾"按钮，操作思路如图7-97所示。

图7-97　制作Vlog片尾的操作思路

【步骤提示】

❶ 打开剪映，添加视频素材（素材参见：素材文件\项目七\制作Vlog片尾.mp4），新建文本，输入片尾字幕，并设置文本的字号、行间距、花字样式、动画。

❷ 将文本素材时长调节为与视频素材时长一致，分别在文本的开始和结尾处添加关键帧，点亮第一个关键帧，向上移动文本，直至文本全部移出预览区。

❸ 点击"添加片尾"按钮，添加一个默认片尾，以1080P分辨率导出视频文件（效果参见：效果文件\项目七\制作Vlog片尾.mp4）。

 课后练习

练习1：制作卡通片头

在剪映主界面点击"开始创作"按钮，添加素材库中的白底素材到时间轴轨道中，调整素材时长为"1.2s"，比例为"9∶16"，并放大素材使其与预览区大小一致；添加边框样式的贴纸，并为贴纸添加"轻微放大"入场动画；新建文本"Welcome"，朗读文本内容后，为其添加"逐字显影"入场动画，最终卡通片头效果如图7-98所示（效果参见：效果文件\项目七\制作卡通片头.mp4）。

练习2：制作专属片尾

尝试使用剪映素材库中的空镜头素材来制作片尾，涉及的剪辑操作包括导入素材库中的空镜头素材，调整素材的比例和大小，使用"圆形"蒙版，添加并编辑文本，以及添加动画等，效果如图7-99所示（效果参见：效果文件\项目七\制作专属片尾.mp4）。

图7-98 卡通片头效果

图7-99 专属片尾效果

技能提升

1. 短视频片头创作思路

短视频片头通常有视频和图片两种形式,其创作要点包括:时长(针对视频)一般在3s以内;画面清晰完整,且没有任何压缩变形的情况;画面重点突出;画面和文字相符,均不偏离短视频主题;文字清晰,字体规范,不遮挡视频画面的主体。

有吸引力的片头可以大幅度提升观看者的观看意愿,因此用户有必要精心创作片头。通常,创作短视频片头的目的有以下3个方面。

● **引发观看者的好奇心**。用户在创作短视频片头时,可以使用吸引人的画面、人物或文字等制造悬念,让观看者产生了解事实真相并洞悉事件走向的意愿,进而继续观看短视频。例如,对于一个记录女生玩水上摇摆桥的短视频,其内容很普通,正常情况下不会有太多人关注,但如果用户将封面设置为女生站立不稳、摇摇欲坠的视频画面,并配上标题"猜我最后落水了吗?",就能制造较强的悬念,吸引观看者观看完整个短视频。

● **呈现精美效果**。短视频的片头也可以直接展示经过加工、美化和剪辑后的精彩视频画面。例如,很多美食类短视频通常会将制作完成的美食作为片头,让观看者看到后垂涎欲滴,从而产生继续观看的意愿,如图7-100所示。又如一些旅行类短视频片头展示了

图7-100 美食类短视频片头

各地美丽的风景，一些生活类短视频则使用富有田园风情的视频画面作为片头，以此吸引更多人观看。

● **展示故事情节**。短视频片头可以采用"画面＋文字"的形式，以第一人称诉说亲身遭遇，这样容易产生极强的感染力，从而引发共鸣。例如，某短视频片头是男女主角抱头痛哭的画面，并配上了文字"在一起十年，他终于向我求婚了，两人都哭成泪人！"，该短视频在短短一小时内播放量突破百万，评论高达数千条。这就是典型的展示故事情节的短视频片头，其通过场景化的片段，向观看者传递了爱情的美好，引发观看者的共鸣。

2. 短视频片尾的制作要点和常见样式

剪辑短视频时，制作自己的专属片尾十分重要，这样不仅可以加深观众的印象，还能提升宣传效果，尤其是一些解说、美妆、科普、美食等类型的短视频，为其添加片尾会起到锦上添花的效果。

用户在创作短视频片尾时，不要展示太多的信息，也不可过于凌乱地展示信息，对于重点部分可以采用强调色系来快速吸引观看者并加深其印象。除此之外，还可以用动感物体引导观看者看到片尾想要表达的重要信息。常见的片尾样式有"背景视频＋高亮字幕""背景视频＋字幕条""背景图片＋贴纸"3 种，如图 7-101 所示。

图 7-101　常见的片尾样式

项目八
综合案例

情景导入

米拉：老洪，我周四发给你的"美食探秘"短视频，你看过了吗？不知道客户是否满意。

老洪：客户很满意，我也觉得短视频确实不错，无论是从内容，还是剪辑手法来看，这个短视频都能很好地让观看者产生好奇心，所以你有很大的进步。

米拉：谢谢老洪的夸奖，我会继续努力的。

老洪：很好，现在你可以开始新任务了，这个任务与以往不同，需要你综合运用剪映中的功能，如滤镜、动画、特效、转场、文本、音乐等，完成最终的剪辑工作。

米拉：你放心，我一定会很好地完成这次剪辑工作。

学习目标

◎ 熟悉设置比例、添加背景和裁剪画面的方法
◎ 熟悉转场、滤镜和特效的设置操作
◎ 熟悉调色操作
◎ 熟悉添加和处理音频的操作

技能目标

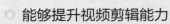

◎ 能够提升视频剪辑能力
◎ 能够剪辑出不同风格的高质量短视频

任务一　制作"生日快乐"短视频

　　剪辑对于短视频创作而言是非常重要的，剪辑直接影响短视频的质量。下面将通过制作"生日快乐"短视频来巩固短视频剪辑的基本思路和操作流程等知识，即首先查看素材，分析采用何种剪辑手段，然后进行初剪，最后再进行精剪。

 **任务目标**

　　米拉本次要剪辑"生日快乐"短视频，分析素材后，米拉打算在整个短视频中重点突出蛋糕和许愿两个画面，并配上相应的贴纸和动画，完成后的最终效果如图 8-1 所示。通过对该短视频的制作，米拉进一步熟悉了"滤镜""动画""文本""音乐"等功能的相关操作。

图8-1　"生日快乐"短视频效果

 **任务实施**

1. 导入素材文件

　　下面将导入图片素材和视频素材进行编辑，具体操作如下。

　　❶ 打开剪映，点击"开始创作"按钮，打开"最近项目"列表，通过"照片"选项卡和"视频"选项卡导入需要编辑的图片和视频素材（素材参见：素材文件\项目八\生日 1.jpg、生日 2.mp4），如图 8-2 所示，点击右下角的"添加"按钮。

　　❷ 进入编辑界面，点击"添加"按钮⊞，在"素材库"列表选择"片头"选项卡中的"生日快乐"片头素材，如图 8-3 所示，点击右下角的"添加"按钮。

③ 将时间线定位至片头素材第 4s 处，点击底部工具菜单栏中的"分割"按钮，如图 8-4 所示，点击"删除"按钮删除分割后多余的片头素材。

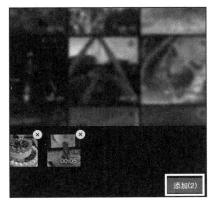

图8-2 导入两个素材

图8-3 添加片头素材

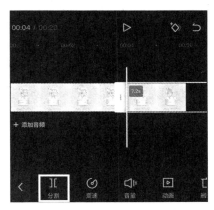

图8-4 分割并删除多余的素材

④ 点击"返回"按钮，在未选中任何素材的状态下，点击底部工具菜单栏中的"比例"按钮，如图 8-5 所示。

⑤ 在打开的"比例"选项栏中选择"9∶16"选项，如图 8-6 所示。

⑥ 在预览区中双指按住视频画面并向反方向滑动，放大视频画面，效果如图 8-7 所示。

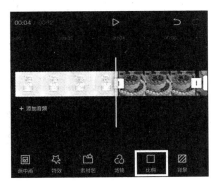

图8-5 点击"比例"按钮

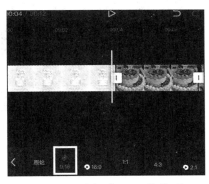

图8-6 选择"9∶16"选项

图8-7 放大视频画面

⑦ 选中主轨道中的第三段视频素材，点击底部工具菜单栏中的"编辑"按钮，如图 8-8 所示。

⑧ 在打开的"编辑"工具菜单栏中点击"裁剪"按钮，如图 8-9 所示。

⑨ 打开"裁剪"选项栏，保持自由裁剪状态，将手指定位至画面左下角的控制点上，然后向右上角拖动，适当裁剪画面左侧和下半部分的内容，效果如图 8-10 所示，点击"确定"按钮，完成裁剪操作。

用户在裁剪视频画面时，如果操作错误，可以点击"裁剪"选项栏中的"重置"按钮，将画面恢复至初始状态，再重新进行裁剪。

知识补充

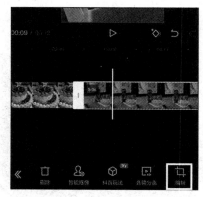
图8-8　点击"编辑"按钮

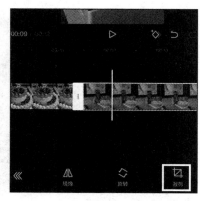
图8-9　点击"裁剪"按钮

图8-10　自由裁剪视频画面

⑩ 在未选中任何素材的状态下，点击底部工具菜单栏中的"背景"按钮▨，如图 8-11 所示。

⑪ 在打开的"背景"工具菜单栏中点击"画布模糊"按钮●，如图 8-12 所示。

⑫ 打开"画布模糊"选项栏，选择第三种画布模糊样式，依次点击"全局应用"按钮●和"确定"按钮✔，如图 8-13 所示。

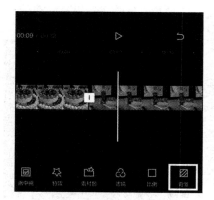
图8-11　点击"背景"按钮

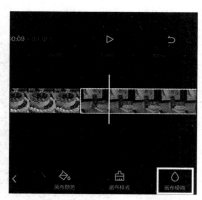
图8-12　点击"画布模糊"按钮

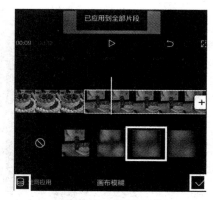
图8-13　应用样式

2. 添加滤镜和转场效果

为了让多个素材之间的过渡更加自然，画面看起来更加美观。下面将为图片素材添加"普林斯顿"滤镜，并在素材之间添加"模糊"转场效果，具体操作如下。

微课视频
添加滤镜和转场

① 将时间线定位至视频素材开始位置，在未选中素材的状态下，点击底部工具菜单栏中的"滤镜"按钮▨，如图 8-14 所示。

② 在打开的"滤镜"工具菜单栏中点击"新增滤镜"按钮▨，打开"滤镜"选项栏，在"精选"选项卡中选择"普林斯顿"滤镜，点击"确定"按钮✔，如图 8-15 所示。

③ 拖动时间轴轨道中滤镜素材右侧的▯图标，将滤镜时长调节为与视频素材时长一致，效果如图 8-16 所示。

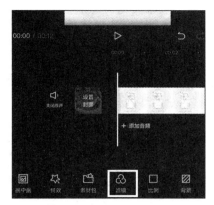

图8-14 点击"滤镜"按钮

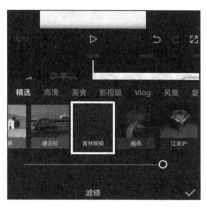
图8-15 为素材添加滤镜

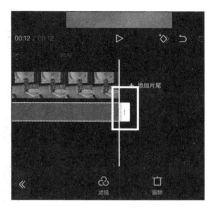
图8-16 调节滤镜时长

④ 将时间线定位至视频素材第4s处，点击"返回"按钮 ，在未选中素材的状态下，点击底部工具菜单栏中的"新增调节"按钮 ，如图8-17所示。

⑤ 打开"调节"选项栏，分别点击相应的"调节"按钮对画面进行精细调节，这里将调节参数值设置为"亮度（-1）、对比度（8）、饱和度（11）、光感（-4）、锐化（16）、高光（2）、阴影（16）、色温（8）、色调（12）、褪色（19）"，点击"确定"按钮 ，如图8-18所示。

⑥ 增加时间轴轨道中调节素材的时长，使其时长与视频素材时长一致，效果如图8-19所示。

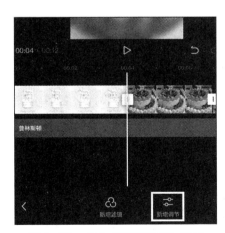
图8-17 点击"新增调节"按钮

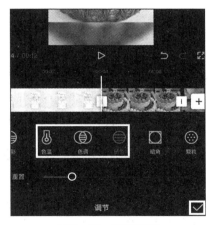
图8-18 精细调节

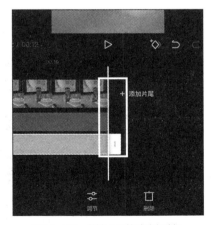
图8-19 增加调节素材时长

⑦ 在未选中素材的状态下，点击主轨道中第一个白色小方块 ，如图8-20所示。

⑧ 打开"转场"选项栏，在"基础转场"选项卡中选择"模糊"效果，依次点击"全局应用"按钮 和"确定"按钮 ，如图8-21所示。

⑨ 由于添加转场效果后的视频时长变短了，但滤镜和调节素材的时长还保持不变，所以这里将向左拖动第二条轨道和第三条轨道的 图标，缩短滤镜和调节素材的时长，让其与视频素材时长一致，效果如图8-22所示。

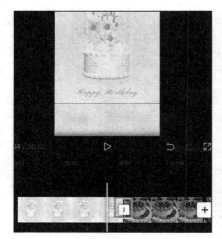
图8-20　点击白色小方块

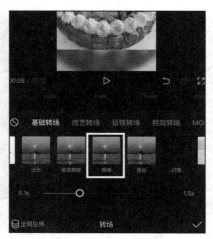
图8-21　添加"模糊"转场效果

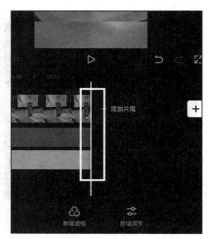
图8-22　缩短滤镜和调节素材的时长

3. 添加贴纸和文本

成功美化视频画面后，下面将进一步丰富画面内容，包括添加贴纸和文本，具体操作如下。

❶ 将时间线定位至视频素材开始位置，在未选中素材的状态下，点击底部工具菜单栏中的"文本"按钮 ⊤ ，如图8-23所示。

❷ 在打开的"文本"工具菜单栏中点击"新建文本"按钮 A+ ，如图8-24所示。

❸ 在打开的文本输入界面中输入文本"生日快乐"，在"花字"选项卡中选择图8-25所示的花字样式。

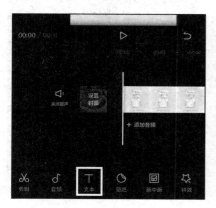
图8-23　点击"文本"按钮

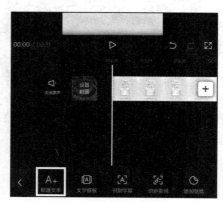
图8-24　点击"新建文本"按钮

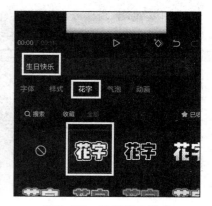
图8-25　选择花字样式

❹ 在"样式"列表的"排列"选项卡中将"字号"调节为"53"，效果如图8-26所示。

❺ 在"粗斜体"选项卡中点击"倾斜"按钮 I ，如图8-27所示。

❻ 在"动画"列表的"循环动画"选项卡中选择"逐字放大"动画，并将动画时长调节为"1.6s"，点击"确定"按钮 ✓ ，如图8-28所示。

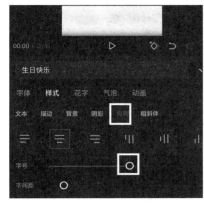

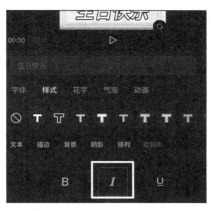

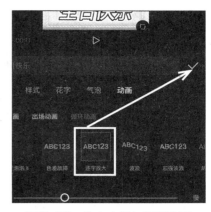

图8-26　设置文本字号　　　　图8-27　设置文本斜体　　　　图8-28　为文本添加循环动画

⑦ 调节文本素材时长与视频素材时长一致，将时间线定位至视频素材开始位置，在未选中素材的状态下，点击底部工具菜单栏中的"添加贴纸"按钮◐，如图 8-29 所示。

⑧ 在打开的"贴纸"选项栏中点击"闪闪"选项卡，选择图 8-30 所示的贴纸样式，并在预览区中适当调整贴纸的位置，点击"确定"按钮✓。

⑨ 将贴纸素材时长调节为与视频素材时长一致，效果如图 8-31 所示。

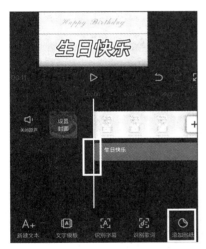

图8-29　点击"添加贴纸"按钮　　图8-30　选择贴纸样式　　图8-31　调节贴纸素材时长

⑩ 将时间线定位至视频素材第 6s 第 15 帧处，在未选中素材的状态下，点击底部工具菜单栏中的"添加贴纸"按钮◐，如图 8-32 所示。

⑪ 在打开的"贴纸"选项栏中选择"萌娃"选项卡中的"快乐成长"样式，调整贴纸在画面中的位置，如图 8-33 所示。

⑫ 选择"萌娃"选项卡中的爱心贴纸，并将其移动至画面右上角，效果如图 8-34 所示，点击"确定"按钮✓，完成贴纸的添加操作。

图8-32　点击"添加贴纸"按钮

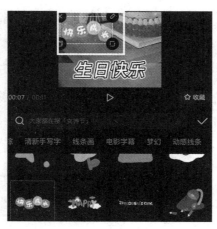
图8-33　添加并移动贴纸

图8-34　添加爱心贴纸

4.添加背景音乐和音效

视频素材中的原声杂乱，且不清晰，影响观看效果。下面将关闭原声，并为视频素材添加一个合适的背景音乐和音效，具体操作如下。

微课视频
添加背景音乐和音效

1 点击操作面板中的"关闭原声"按钮，将时间线定位至视频素材开始位置，在未选中素材的状态下，点击工具菜单栏中的"音频"按钮🎵，如图 8-35 所示。

2 在打开的"音频"工具菜单栏中点击"音乐"按钮🎵，如图 8-36 所示。

3 打开音乐素材库，在搜索栏中输入关键字"生日快乐"进行搜索，在显示的搜索结果列表中点击所需音频对应的"使用"按钮，如图 8-37 所示。

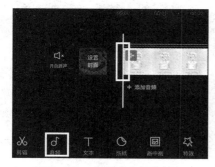
图8-35　点击"音频"按钮

图8-36　点击"音乐"按钮

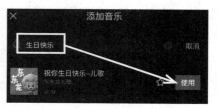
图8-37　点击"使用"按钮

4 返回编辑界面，将时间线定位至视频素材第 1s 处，点击底部工具菜单栏中的"分割"按钮⦚，如图 8-38 所示，选中分割后的前半段音频，点击工具菜单栏中的"删除"按钮🗑。

5 拖动分割后的音频轨道，将其显示位置调整至视频素材的开始位置，效果如图 8-39 所示。

6 将时间线定位至视频素材的末尾处，选中音频素材后，点击底部工具菜单栏中的"分割"按钮⦚，如图 8-40 所示；点击工具菜单栏中的"删除"按钮🗑，删除分割后的后半段音频素材。

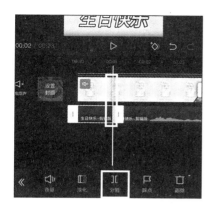
图8-38 分割音频（1）

图8-39 移动音频轨道

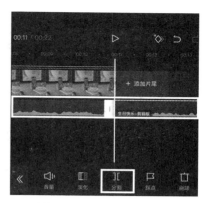
图8-40 分割音频（2）

7 选中音频素材，点击底部工具菜单栏中的"淡化"按钮█，如图 8-41 所示。

8 在打开的"淡化"选项栏中将音频的"淡出时长"调节为"0.9s"，如图 8-42 所示，点击"确定"按钮✓。

9 点击"返回"按钮█，将时间线定位至视频素材第 10s 第 15 帧处，点击底部工具菜单栏中的"音效"按钮█，如图 8-43 所示。

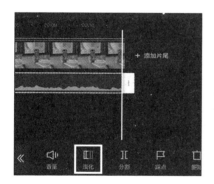
图8-41 点击"淡化"按钮

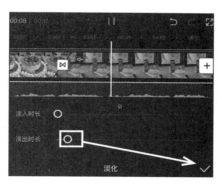
图8-42 设置淡出时长

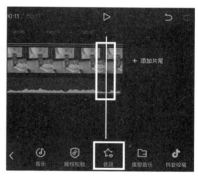
图8-43 点击"音效"按钮

10 打开"音效"列表，在搜索栏中输入关键字"吹蜡烛"进行搜索，在显示的搜索结果列表中点击需要应用的音效对应的"使用"按钮，如图 8-44 所示。

11 在时间轴轨道中向左拖动音效素材右侧的▯图标，使其与视频素材末尾对齐，效果如图 8-45 所示，点击底部工具菜单栏中的"音量"按钮█。

12 在打开的"音量"选项栏中拖动滑块，将音效音量调节为"400"，点击"确定"按钮✓，如图 8-46 所示。

知识补充　　在剪映中添加背景音乐时，为了规避侵权风险，用户在添加音乐后，可以点击底部工具菜单栏中的"版权校验"按钮█，对已添加的音乐进行校验。若校检结果为"已通过"，表示该音乐无侵权风险；反之，则有侵权风险。

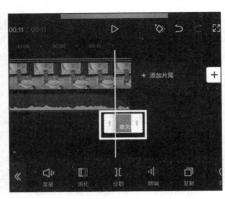

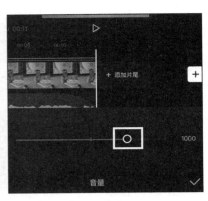

图8-44　选择要使用的音效　　　　图8-45　调节音效时长　　　　图8-46　调节音量

13 点击"播放"按钮▷，查看整个短视频效果，确认无误后，点击编辑界面右上角的"分辨率"按钮，在打开的界面中分别设置视频分辨率和帧率，点击"导出"按钮，导出视频文件（效果参见：效果文件\项目八\生日快乐.mp4），如图8-47所示。

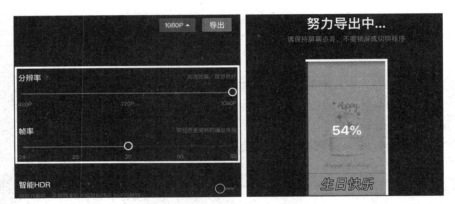

图8-47　设置后导出视频文件

任务二　　制作"环保公益"短视频

下面将通过剪映制作一个"环保公益"短视频，通过剪辑该短视频，用户可以熟练掌握一些剪辑方法和技巧，从而提升自己的剪辑水平。

任务目标

为了迎接即将到来的世界环境保护日，公司安排米拉剪辑一个"环保公益"短视频，传播和弘扬绿色发展理念。米拉收到并分析了素材文件后，打算采用对比手法进行剪辑并在视频画面中添加一些文本内容进行提示和说明，让观看者明白保护环境的重要性，剪辑后的最终效果如图8-48所示。

微课视频

效果预览

图8-48 "环保公益"短视频效果

 任务实施

1. 添加文本

微课视频

添加文本

本视频主要是采用"文本+画面"的形式来展示环保知识，因此，下面将在导入素材文件后，对相关画面添加文本内容，具体操作如下。

① 打开剪映，点击"开始创作"按钮，在"最近项目"列表中添加要编辑的视频素材（素材参见：素材文件\项目八\环保公益.mp4），在未选中素材的状态下，点击工具菜单栏中的"文本"按钮 T，如图8-49所示。

② 在打开的"文本"工具菜单栏中点击"新建文本"按钮 A+，如图8-50所示。

③ 在打开的输入界面中输入文本"这是一包卫生纸"，适当调整文本在预览区中的位置，效果如图8-51所示。

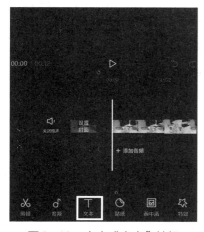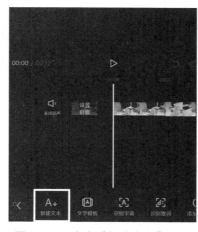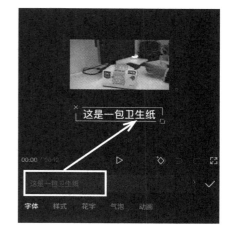

图8-49 点击"文本"按钮　　图8-50 点击"新建文本"按钮　　图8-51 输入并调整文本

④ 在"动画"列表的"入场动画"选项卡中选择"随机打字机"动画，并将动画

时长调节为"1.0s"，点击"确定"按钮☑，如图 8-52 所示。

⑤ 返回编辑界面，点击工具菜单栏中的"文本朗读"按钮 🅰，如图 8-53 所示。

⑥ 打开"音色选择"选项栏，在"女声音色"选项卡中选择"新闻女声"音色，点击"确定"按钮☑，如图 8-54 所示。

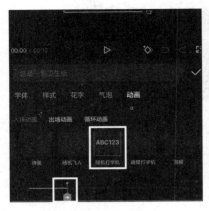
图8-52　添加入场动画

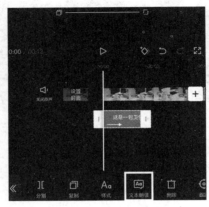
图8-53　点击"文本朗读"按钮

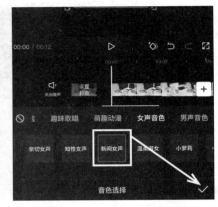
图8-54　选择朗读音色

⑦ 返回编辑界面，点击底部工具菜单栏中的"复制"按钮 🔲，如图 8-55 所示。

⑧ 拖动复制而来的文本，将其移动至第一段文本之后，效果如图 8-56 所示。

⑨ 在预览区中点击复制而来的文本，修改文本内容，效果如图 8-57 所示，点击"确定"按钮☑。

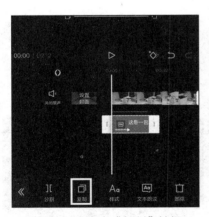
图8-55　点击"复制"按钮

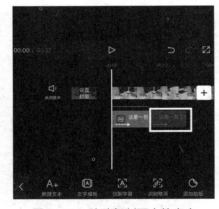
图8-56　移动复制而来的文本

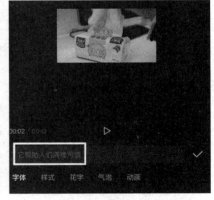
图8-57　修改文本内容

⑩ 返回编辑界面，点击底部工具菜单栏中的"文本朗读"按钮 🅰，如图 8-58 所示。

⑪ 打开"音色选择"选项栏，在"女声音色"选项卡中选择"新闻女声"音色，如图 8-59 所示，点击"确定"按钮☑。

⑫ 按照相同的操作方法，分别在视频素材第 4s 处和第 6s 处添加文本"但是""这么多张"，并选择用"新闻女声"来朗读添加的文本，如图 8-60 所示。

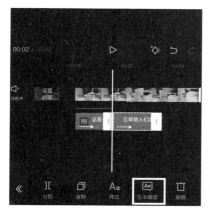

图 8-58　点击"文本朗读"按钮

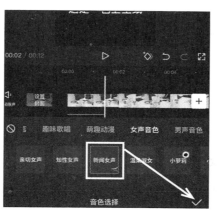

图 8-59　选择音色

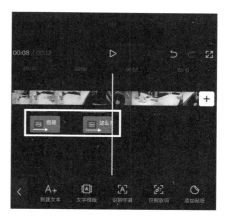

图 8-60　添加文本并朗读

知识补充

　　剪映不仅提供了"文本朗读"功能，还可以对朗读的文本进行变声处理，具体方法为：点击工具菜单栏中的"音频"按钮 ，选中文本朗读时生成的音频轨道，点击工具菜单栏中的"变声"按钮 🎙️，在打开的"变声"选项栏中可选择不同的变声效果。

2. 导入素材文件

为了能够给观看者留出一定的思考空间，下面将在视频的中间位置添加黑底素材，并导入照片来展现保护环境的益处，具体操作如下。

微课视频

导入素材文件

❶ 将时间线定位至视频素材第 7s 第 22 帧处，在选中素材的状态下，点击底部工具菜单栏中的"分割"按钮 ⅠⅠ，如图 8-61 所示。

❷ 将视频素材分割为两段后，点击操作面板中的"添加"按钮 ⊞，如图 8-62 所示。

❸ 在打开的"素材库"列表中选择"热门"选项卡中的黑底素材，如图 8-63 所示，点击"添加"按钮。

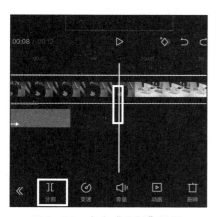

图 8-61　点击"分割"按钮

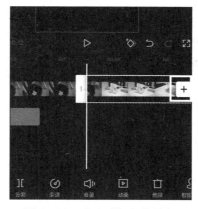

图 8-62　点击"添加"按钮

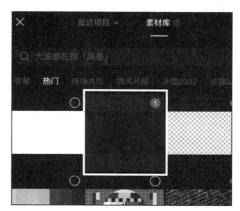

图 8-63　添加黑底素材

④ 点击"返回"按钮◀，点击工具菜单栏中的"文本"按钮▣，在打开的"文本"工具菜单栏中点击"新建文本"按钮▣，如图 8-64 所示。

⑤ 输入文本"如果能重来"，在预览区中调整文本的位置，点击"确定"按钮✓，如图 8-65 所示。

⑥ 点击工具菜单栏中的"文本朗读"按钮▣，如图 8-66 所示。

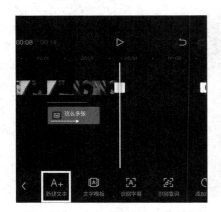
图8-64　点击"新建文本"按钮

图8-65　输入文本并调整位置

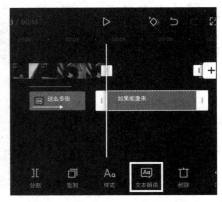
图8-66　点击"文本朗读"按钮

⑦ 在打开的"音色选择"选项栏中选择"女声音色"选项卡中的"新闻女声"音色，点击"确定"按钮✓，如图 8-67 所示。

⑧ 试听朗读效果后，将时间线定位至视频素材末尾处，点击操作界面中的"添加"按钮⊞，如图 8-68 所示。

⑨ 在打开的"最近项目"列表中选择"照片"选项卡中的素材文件（素材参见：素材文件\项目八\树木.jpg），如图 8-69 所示，点击"添加"按钮。

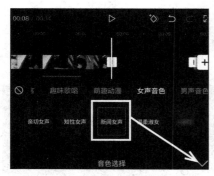
图8-67　选择音色

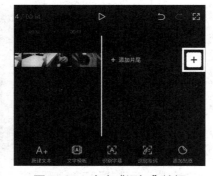
图8-68　点击"添加"按钮

图8-69　添加照片素材

⑩ 返回编辑界面，在预览区中适当放大照片，效果如图 8-70 所示。

⑪ 在未选中素材的状态下，点击底部工具菜单栏中的"特效"按钮✦，如图 8-71 所示。

⑫ 在打开的"特效"工具菜单栏中点击"画面特效"按钮▣，如图 8-72 所示。

图8-70 放大照片

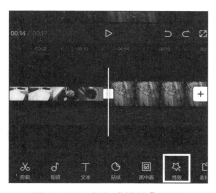

图8-71 点击"特效"按钮

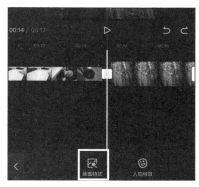

图8-72 点击"画面特效"按钮（1）

⑬ 打开"画面特效"列表，在"金粉"选项卡中选择"金粉闪闪"特效，如图 8-73 所示，然后点击"确定"按钮✓。

⑭ 返回编辑界面，点击底部工具菜单栏中的"画面特效"按钮，如图 8-74 所示。

⑮ 在打开的"画面特效"列表中选择"热门"选项卡中的"开幕Ⅱ"特效，如图 8-75 所示，点击"确定"按钮✓。

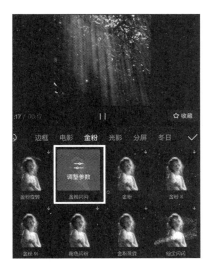

图8-73 选择"金粉闪闪"特效

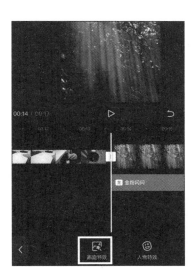

图8-74 点击"画面特效"按钮（2）

图8-75 选择"开幕Ⅱ"特效

3. 添加贴纸和音效

短视频中仅有画面和文本会显得过于单一，且不能很好地表现短视频主题，下面将为短视频添加贴纸和音效，以此来提升短视频质量，具体操作如下。

微课视频

添加贴纸和音效

❶ 将时间线定位至视频素材第 6s 第 5 帧处，在未选中素材的状态下，点击底部工具菜单栏中的"贴纸"按钮，如图 8-76 所示。

❷ 在打开的"贴纸"列表中选择"搞笑综艺"选项卡中的"震惊"贴纸，在预览区中适当放大贴纸，并调整其位置，效果如图 8-77 所示，点击"确定"按钮✓。

3 返回编辑界面，在时间轴轨道中向左拖动贴纸素材右侧的▯图标，使贴纸素材与文本素材"这么多张"的时长一致，如图8-78所示。

图8-76　点击"贴纸"按钮

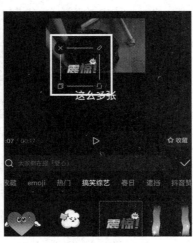

图8-77　添加并调整贴纸（1）

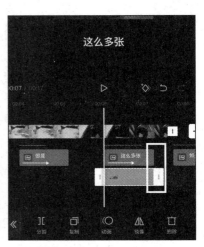

图8-78　缩短贴纸时长

4 将时间线定位至视频素材第12s第15帧处，在未选中素材的状态下，点击底部工具菜单栏中的"添加贴纸"按钮◔，如图8-79所示。

5 在打开的"贴纸"列表中点击"闪闪"选项卡，选择图8-80所示的样式，并在预览区中调整该贴纸的位置。

6 在"综艺字"选项卡中选择"赞"贴纸，适当调整该贴纸的位置后，点击"确定"按钮☑，如图8-81所示。

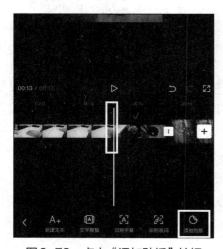

图8-79　点击"添加贴纸"按钮

图8-80　添加并调整贴纸（2）

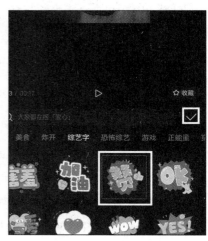

图8-81　继续添加贴纸

7 缩短"闪闪"贴纸和"综艺字"贴纸的时长，使其结束位置与主轨道中最后一段视频素材的起始位置对齐，效果如图8-82所示。

8 将时间线移至视频素材第6s第10帧处，在未选中素材的状态下，点击底部工具菜单栏中的"音频"按钮♪，如图8-83所示。

⑨ 在打开的"音频"工具菜单栏中点击"音效"按钮 🔊，如图 8-84 所示。

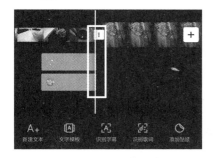

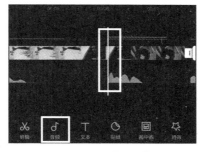

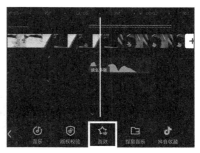

图 8-82 缩短贴纸时长　　图 8-83 点击"音频"按钮　　图 8-84 点击"音效"按钮（1）

⑩ 在打开的"音效"列表中通过搜索栏搜索出包含震惊效果的音效，点击需要使用的音效对应的"使用"按钮，如图 8-85 所示。

⑪ 将时间线移至视频素材第 12s 第 15 帧处，再次点击"音效"按钮 🔊，如图 8-86 所示。

⑫ 在打开的"音效"列表中搜索包含称赞效果的音效，这里点击"好"音效对应的"使用"按钮，如图 8-87 所示。

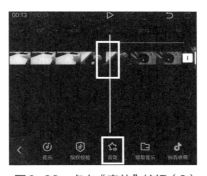

图 8-85 点击"使用"按钮（1）　　图 8-86 点击"音效"按钮（2）　　图 8-87 点击"使用"按钮（2）

⑬ 将时间线定位至视频素材开始位置，在未选中素材的状态下，依次点击底部工具菜单栏中的"文本"按钮 🅣 和"文字模板"按钮 🄰，如图 8-88 所示。

⑭ 打开"文字模板"列表，在"字幕"选项卡中选择图 8-89 所示的文字样式。

⑮ 在预览区中点击添加的文字模板，并修改其内容为"保护环境"，将文字模板移动至画面的上方，效果如图 8-90 所示，点击"确定"按钮 ✔。

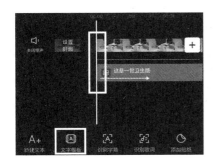

图 8-88 点击"文字模板"按钮　　图 8-89 选择字幕样式　　图 8-90 修改并移动文本

16 拖动新建的文字模板所在的轨道，使其显示在第四条轨道上，向右拖动该文字模板右侧的□图标，将其调整至第 7s 第 15 帧处，效果如图 8-91 所示。

17 复制"保护环境"文本，将复制后的文本拖动至视频素材第 9s 第 18 帧处，将此文本的结束位置调节为与主轨道中最后一段素材的起始位置对齐，如图 8-92 所示。

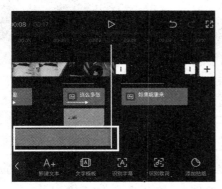

图8-91　拖动并调整文字模板的时长

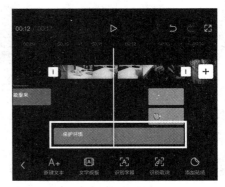

图8-92　拖动并缩短文本时长

4.制作片尾

微课视频

制作片尾

在一个完整的短视频中，片尾是必不可少的，下面将为短视频创作一个可以升华视频主题的片尾并导出文件，具体操作如下。

1 将时间线定位至视频素材结束位置，在未选中素材的状态下，点击操作面板中的"添加"按钮⊡，如图 8-93 所示。

2 在打开的"最近项目"列表中点击"照片"选项卡，点击素材（素材参见：素材文件 \ 项目八 \ 花 .jpg），如图 8-94 所示，点击"添加"按钮。

3 返回编辑界面，依次点击底部工具菜单栏中的"文本"按钮🅃和"新建文本"按钮🄰，如图 8-95 所示。

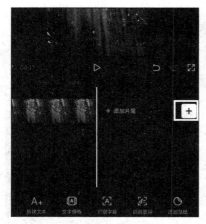

图8-93　点击"添加"按钮

图8-94　添加照片素材

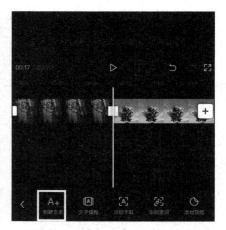

图8-95　点击"新建文本"按钮

4 在打开的文本输入界面中输入图 8-96 所示的文本内容。

⑤ 在预览区中适当放大文本后，调整文本位置，效果如图 8-97 所示，点击底部工具菜单栏中的"文本朗读"按钮^{Aa}。

⑥ 打开"音色选择"选项栏，在"男声音色"选项卡中选择"阳光男生"音色，点击"确定"按钮✔，如图 8-98 所示。

图8-96 输入文本内容

图8-97 调整文本大小和位置

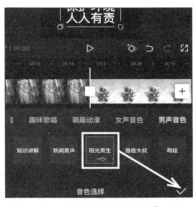
图8-98 选择"阳光男生"音色

⑦ 选中主轨道中最后一个素材，点击底部工具菜单栏中的"蒙版"按钮◙，如图 8-99 所示。

⑧ 在打开的"蒙版"选项栏中点击"圆形"按钮◙，在预览区中调整蒙版大小和位置，效果如图 8-100 所示。

⑨ 点击"导出"按钮，导出剪辑好的短视频，如图 8-101 所示（效果参见：效果文件 \ 项目八 \ 环保公益 .mp4）。

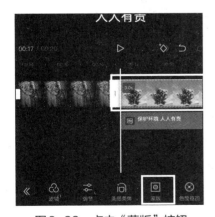
图8-99 点击"蒙版"按钮

图8-100 调整蒙版大小和位置

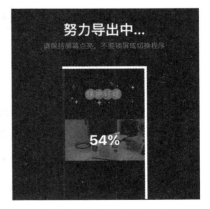
图8-101 导出短视频

职业素养

短视频剪辑人员不仅要具备专业的剪辑技能，还需要具备一些基本素养，如较强的专注力、强大的心理素质、一定的艺术修养等，只有将技能与素养相结合，才能剪辑出更加优质的短视频。

实训一　制作美食短视频

【实训要求】

俗话说"民以食为天"，一直以来美食都是人们关注的重点。本实训将制作一个美食短视频，重点练习音频、滤镜、文本、特效的设置方法。

【实训思路】

微课视频

实训一

本实训的短视频内容是介绍美食的制作过程，所以需要在视频中添加相应的文本和美化效果。首先为视频素材添加素材库中的片头，然后添加音频、滤镜、文本和特效，最后导出短视频，操作思路如图 8-102 所示。

图 8-102　制作美食短视频的操作思路

【步骤提示】

❶ 打开剪映，在主界面中点击"开始创作"按钮，导入素材（素材参见：素材文件\项目八\麻婆豆腐 .mp4），在视频开始位置导入片头动画。

❷ 关闭视频原声，打开"音频"选项栏，点击"提取音乐"按钮 ▣，在打开的"视频"列表中再次导入素材（素材参见：素材文件\项目八\麻婆豆腐 .mp4），并提取该视频中的音频，然后为素材添加"暖食"滤镜，并调整亮度、对比度、饱和度、色温等参数。

❸ 在视频素材第 30s 处添加花字文本"出锅"，并朗读文本，在视频素材第 37s 处添加花字文本"开饭"。

❹ 为整个视频素材添加"白色边框"特效，在视频素材第 34s 第 8 帧处添加"斑斓"特效，并调整特效时长与视频素材时长一致。

⑤ 为视频素材添加适当的美食音效，并降低音效的音量至"14"，导出短视频（效果参见：效果文件\项目八\麻婆豆腐.mp4）。

实训二　制作"美工刀"短视频

【实训要求】

使用剪映制作一个关于美工刀的正确使用方法的短视频，进一步熟悉使用剪映剪辑视频的相关技能。

【实训思路】

本实训将进行添加文本、设置转场效果、添加音频等操作。打开剪映后，将要剪辑的视频素材添加到操作面板中，然后添加转场片段和黑底素材，并输入文本，最后在视频素材末尾添加白底素材和特效等，操作思路如图8-103所示。

微课视频
实训二

图8-103　制作"美工刀"短视频的操作思路

【步骤提示】

① 打开剪映，添加视频素材（素材参见：素材文件\项目八\美工刀.mp4），在视频素材第4s第10帧处，将视频素材分割为两段，在分割处添加转场片段和黑底素材。

② 在黑底素材上分别添加3段文本"这才是""美工刀""正确打开方式"，并设置文本花字样式和行间距。

③ 在视频素材末尾导入白底素材，并在最后两段素材之间添加"色彩溶解"转场效果，在视频素材第25s处添加文本"你学会了吗？"，并进行文本朗读。

④ 在视频素材末尾添加"插入器Ⅱ"特效和"片尾谢幕"文字模板，然后添加音乐，

并进行自动踩点，最后以 1080P 分辨率导出视频文件（效果参见：效果文件 \ 项目八 \ 制作美工刀使用视频 .mp4）。

课后练习

练习1：制作"萌宠日常"短视频

打开剪映，点击"开始创作"按钮，导入要剪辑的素材文件（素材参见：素材文件 \ 项目八 \ 萌宠 1.mp4、萌宠 2.mp4），在视频素材的起始位置添加花字文本并添加"向上滑动"动画；然后在视频素材第 1s 处添加白底素材，适当裁剪后为其添加"矩形"蒙版，并进行反转设置和调整大小；最后添加"渐变擦除"转场效果、背景音乐、"放映机"特效，导出短视频，效果如图 8-104 所示（效果参见：效果文件 \ 项目八 \ 萌宠日常 .mp4）。

图 8-104 "萌宠日常"短视频效果

练习2：制作"春日来信"短视频

尝试使用剪映剪辑提供的视频素材（素材参见：素材文件 \ 项目八 \ 春日来信 .mp4），涉及的剪辑操作包括导入素材文件、添加春日类型的贴纸、使用金粉效果的画面特效、添加并编辑文本、为贴纸和文本添加动画等，效果如图 8-105 所示（效果参见：效果文件 \ 项目八 \ 春日来信 .mp4）。

图 8-105 "春日来信"短视频效果

1. 收集和制作各种音效

在短视频中，音效是由声音所制作出来的效果，其功能是增强场景的真实感、烘托气氛等。用户在剪辑短视频时，在不同的场景中添加不同的音效可以使视频内容的表达效果更加突出。

● **网上下载**。网上有很多专业的素材网站，用户可以在其中下载各种音效，例如站长素材、耳聆网和爱给网等，图8-106所示为爱给网的音效库。这些网站汇聚了各种奇妙的声音效果，音效资源非常丰富。

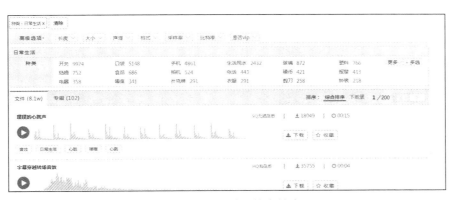

图8-106 爱给网的音效库

● **软件制作**。大多数短视频剪辑软件都能制作音效，具体方法为：对需要的音效所在的视频素材进行音画分离，然后分割音频轨道中的音频素材，保留需要的音频作为音效。以剪映为例，将视频素材导入时间轴轨道中进行音画分离，并删除视频轨道中的视频素材，然后使用"分割"按钮▮▮分割音频素材，最后删除多余的音频，并将需要的音频导出为音频文件。

2. 制作短视频字幕

很多短视频为了加强个性化特征，会使用各地的方言或加快语速制造幽默效果，此时就需要为视频画面制作和添加字幕，以保证所有观看者都能理解短视频内容。制作字幕的方法在项目五已讲解过，通常只需在需要添加字幕的视频画面中输入对应的文本即可。但在制作字幕的过程中，有以下5个注意事项和技巧。

● **保证准确性**。字幕的准确性通常能反映短视频的品质。制作精良的短视频时，字幕应力求准确，避免出现错别字、不通顺等问题。另外，错误的字幕会误导观看者，造成负面影响。

● **放置位置要合理**。短视频的字幕一般位于视频画面的中心线位置，用户可以按字幕和视频画面达到和谐效果为标准来设置字幕。另外，短视频画面如果为横屏，则可以把字幕放置在画面上方。

● **添加描边以突出字幕**。当采用白色或黑色的纯色字幕时，字幕很容易与视频画面融合，进而影响观看体验，此时可以采用添加描边的方式来突出字幕。

● **将重点字幕放大**。当需要对字幕中的某一个字或词进行强调时，可以对其进行放大设置，具体方法为：在剪映中输入一段文本后，在需要放大文本的位置输入多个空格，然后新建一个文本，输入要放大的内容，最后将其移动到空格位置，如图8-107所示。

● **用颜色标注重点字幕**。除了可以通过添加描边、放大的方式来突出重点字幕外，还可以采用更改字幕颜色的方式来标注重点字幕，具体方法为：在剪映中输入一段文本后，点击底部工具菜单栏中的"复制"按钮🔲，复制文本，然后删除多余文本，只保留要标注的文本，更改文本颜色，在预览区中将标注文本对准画面中的字幕，效果如图8-108所示。

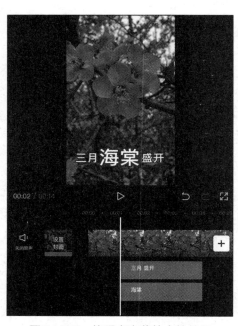

图8-107　将重点字幕放大的效果

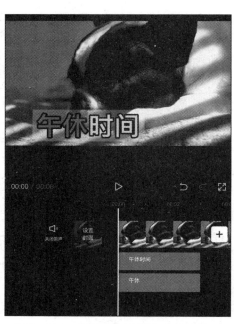

图8-108　用颜色标注重点字幕的效果